THE TOOLS

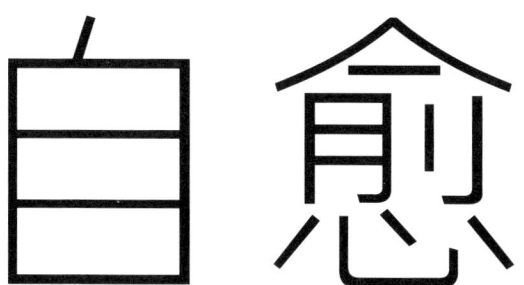

成年人崩溃自救指南

(PHIL STUTZ) (BARRY MICHELS)

[美] 菲尔·施图茨 [美] 巴里·米歇尔斯————著

何珊————译

中信出版集团 | 北京

图书在版编目（CIP）数据

自愈：成年人崩溃自救指南/（美）菲尔·施图茨，（美）巴里·米歇尔斯著；何珊译. -- 北京：中信出版社，2021.8（2024.11重印）

书名原文：The Tools: 5 Tools to Help You Find Courage, Creativity, and Willpower—and Inspire You to Live Life in Forward Motion

ISBN 978-7-5217-3178-1

Ⅰ.①自… Ⅱ.①菲…②巴…③何… Ⅲ.①情绪—自我控制—通俗读物 Ⅳ.① B842.6-49

中国版本图书馆 CIP 数据核字（2021）第 102129 号

The Tools by Phil Stutz and Barry Michels
Copyright © 2012 by Phil Stutz and Barry Michels
Simplified Chinese translation copyright © 2021 by CITIC Press Corporation
ALL RIGHTS RESERVED
本书仅限中国大陆地区发行销售

自愈——成年人崩溃自救指南

著　者：[美]菲尔·施图茨　[美]巴里·米歇尔斯
译　者：何珊
出版发行：中信出版集团股份有限公司
（北京市朝阳区东三环北路27号嘉铭中心 邮编 100020）
承　印　者：河北鹏润印刷有限公司

开　本：880mm×1230mm　1/32　　印　张：8.25　　字　数：165千字
版　次：2021年8月第1版　　　　　印　次：2024年11月第4次印刷
京权图字：01-2019-7072
书　号：ISBN 978-7-5217-3178-1
定　价：59.00元

版权所有·侵权必究
如有印刷、装订问题，本公司负责调换。
服务热线：400-600-8099
投稿邮箱：author@citicpub.com

献给露西·屈福斯，你从未放弃过我。

——菲尔·施图茨

献给我亲爱的姐姐德布拉，一位最勇敢的精神战士，是你教会了我带着优雅、勇气和爱去生活。

——巴里·米歇尔斯

逆运也有它的好处,就像丑陋而有毒的蟾蜍,
它的头上却顶着一颗珍贵的宝石。
　　　　　　　　——威廉·莎士比亚《皆大欢喜》

那些伤害你的,终将成就你。
　　　　　　　　——本杰明·富兰克林

目 录

01 一种解决问题的全新方式 ……… 001

你需要通过某些简单有力的技巧来挖掘隐藏的潜力,而且这些技巧人人都可以使用。我们称这些技巧为"工具"。

02 工具一:逆转渴望 ……… 023

当你必须做一件你一直逃避的事时,请使用这项工具。人们都会避免做对自己来说最痛苦的事,而宁愿生活在一个严重限制我们从生活中有所收获的舒适圈里。这项工具可以让你直面痛苦、采取行动,帮助你的人生再次前进。

舒适圈 ……… 028

更高动力:前进的动力 ……… 033

工具:逆转渴望 ……… 036

"逆转渴望"的其他用途 ……… 056

03 工具二：积极的爱 ……063

当有人激怒了你，情绪在你脑中挥之不去时，请使用这项工具。

你可能会反复回想对方做了什么，或者幻想着报复，这就是迷宫——它让你的生活停滞不前，而世界却在没有你的情况下继续前进了。

迷宫 ……068

公平 ……071

更高动力：流溢之爱 ……071

工具：积极的爱 ……074

"积极的爱"的其他用途 ……085

04 工具三：内在权威 ……091

在令人害怕的情形中，当你发现很难表达自己时，请使用这项工具。

此时的你会"冻结"，变得像木头一样僵硬，无法自然、自发地表达自己，甚至难以与他人建立联结。这背后隐藏的是一种非理性的不安全感。使用这项工具，可以让你克服不安全感，做回你自己。

不安全感的代价 ……096

影子 ……099

更高动力：自我表达 ……104

工具：内在权威 ……106

"内在权威"的其他用途 ……124

05

工具四：感恩之流 ……131

每当你被负面思维攻击时，请立即使用这项工具。
当你的心中充满担忧、自我憎恨或任何其他形式的负面想法时，你就被乌云吞没了。它限制了你的生活，剥夺了你所爱的人对你最好的一面。生活变成了一场事关生死存亡的斗争，而不是宏大愿景的实现过程。

乌云 ……135

负面思维的代价 ……138

为什么负面思维如此强大？ ……139

更高动力：感恩 ……142

工具：感恩之流 ……145

"感恩之流"的其他用途 ……160

06

工具五：危机 ……167

当你相信即使停止使用工具也没关系时，请使用这项工具。
无论这些工具多有效，你都会发现自己在某一天会放弃使用它们。放弃不仅会阻止你的进步，还会毁掉你目前为止取得的所有成果。这是每个读者都会面临的障碍。

你相信存在"神奇事物"吗？ ……173

"免责"的代价 ……176

出售幻想 ……178

更高动力：意志力 ……180

工具：危机 ……183

"危机"的其他用途 ……196

07 对更高动力的信念 ……… 203

人们都在一个灵性系统里运转。在这个系统里,我们生活中的每一个事件的发生,都是为了训练我们使用更高动力。

信念就是相信当你需要更高动力的时候,它们总是在你身边帮助你。

一场地震,摧毁了我的理性主义信仰体系 ……… 210
我把最好的朋友当成了敌手 ……… 214

08 新视界结出的硕果 ……… 225

每当你使用某一项工具,唤起更高动力来解决自己的问题时,你也是在向整个社会提供这些力量。

一旦你接受了这一点,它们会引导你超越自我,去关心全人类的福祉。这些工具让你参与了一场无声的革命——创造者的革命。

新灵性的三个支柱 ……… 227
治愈一个病态的社会 ……… 233
"无声革命"的武器 ……… 235
现在,看你的了 ……… 246

致 谢 ……… 249

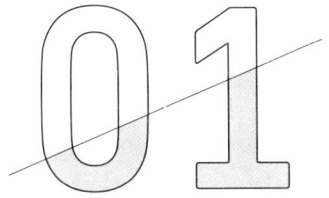

一种解决问题的全新方式

你需要通过某些简单有力的技巧来挖掘隐藏的潜力,而且这些技巧人人都可以使用。我们称这些技巧为"工具"。

罗伯塔是我接收过的一位心理治疗求询者，她让我头一次觉得十五分钟的咨询对求询者来说完全无效。她在来找我的时候带着一个非常明确的目标：希望不再继续沉溺于男友对她不忠的臆想里。"我翻看他的信息、盘问他一些细节，有时甚至开车到他的住处去监视他。虽然从未发现过什么，但我就是无法阻止自己的这种行为。"一开始，我认为她的问题很好解释：当她还是个孩子时，她的父亲突然抛弃了家庭，所以她即便现在已经 20 多岁了，却仍然害怕被遗弃。但在我深入挖掘她的情况之前，她盯着我的眼睛祈求道："告诉我，我如何才能停止胡思乱想。别再探究我为什么没有安全感了，那纯粹是在浪费我的时间和金钱，因为我早就知道这一点了。"

如果罗伯塔现在来找我，我会为她清楚自己想要什么而感到兴奋，也明确知道应该如何帮助她。但那次咨询发生在二十五年前，那时我还是一个新手心理治疗师。当时，我只觉得她的诉求像一支利箭射穿了我，令我无言以对。

我没有埋怨自己。那时候，我刚刚用两年时间充分学习了每一条已有的心理治疗实践理论。但是，摄入的信息越多，我就越不满足。我觉得那些理论都脱离了实际，无法真正解决正在遭遇麻烦、需要帮助的人的问题。凭直觉，我感到自己并没有学会如何直面像罗伯塔这样的求询者提出的诉求。

我想，这项能力可能无法从书本中获取，也许只能从与同行的面对面咨询中学到。我与我的两位导师保持着密切的联系，他们不仅十分了解我，也有多年的临床经验。所以，他们应当有办法回应那些诉求。

我向他们描述了罗伯塔的需求，得到的回答让我陷入了深深的恐惧：他们对此也毫无办法。更糟的是，那些在我看来甚为合理的诉求，却被他们视为求询者自身问题的一部分。他们使用了很多临床术语来诊断罗伯塔："情绪冲动"且"逆反""渴求即时满足"。他们警告我，如果我试图满足她的迫切需要，那么她就会要求更多。

他们一致建议我引导她回溯童年时代，这样我们可以找出最初导致她产生这种强迫观念的缘由。我告诉他们，她已经知道自己为什么会胡思乱想。他们回答说，父亲的抛弃并非真正的原因。"你应该进一步深挖她的童年。"我受够了这种敷衍的说辞，以前我就听说过——每次只要求询者提出了一个直接的诉求，治疗师就会将问题甩回去，告诉他/她需要"更深入的挖掘"。这其实只是他们用来掩盖真相的把戏而已：当求询者需要即时帮助时，治疗师其实无能为力。我不仅觉得失望，还隐隐预感我的导师的观点其实代表了整个心理治疗行业——我从来没有听过其他的说法。我一时竟不知道该向谁求助。

之后，很幸运，有一位朋友告诉我，他遇到了一位和我一样不接受现有理论体系的精神病学家。"这个人会真正回答你的问题，而且我保证，你以前从来没有听过这样的回答。"这位专家当时正在举办一系列研讨会，我当即决定去参加下一场。就这样，我遇到了菲尔·施图茨博士，也就是本书的合著者。

那场研讨会改变了我的执业方式——以及我的人生。

菲尔的思维方式非常新颖。更重要的是，直觉告诉我，他的想法都是正确的。他是我遇到的第一位聚焦于解决方法而非心理问题本身的心理治疗师，他坚信人类具备解决自身问题的潜力。事实上，他对心理问题的观点与我接受的教育完全相反。他并不认为这些问题会成为求询者的障碍，相反，他将它们视为开启潜能的机遇。

刚开始的时候，我对此表示怀疑，因为我以前也听到过"将问题转化为机遇"的说法，但没人能解释清楚到底该如何做，而菲尔却能使之明确化、具体化——你需要通过某些简单有力的技巧来挖掘隐藏的潜力，而且这些技巧人人都可以使用。

他将这些技巧称为"工具"。

研讨会结束的时候，我走出会场，兴奋得快要飞起来了——不仅因为我找到了可以切实帮助人们的工具，更因为菲尔的态度：他将他的经历、他的理论及他的工具公之于众。他并不要求我们全盘接受他的说法，只是坚持要我们真正地使用这些工具，并且自行总结出这些工具的功用。他甚至发出挑战，让我们去证明他是错的。他的勇气——或者说是疯狂，也可能二者兼有——深深震撼了我。但无论如何，这对我的影响是催化性的，令我感觉仿佛在持有传统教条观点的同行中快要窒息时，突然呼吸到了新鲜空气。我甚至能够更加清楚地看到这些同行躲在一道高墙之后，这道高墙由纷繁复杂的理论构成，密不透风，没有任何人觉得需要检验或者亲自体察这些理论。

在研讨会上，我只学到了一种工具，但我在会后立刻认真地付诸实践。我迫不及待想要将这个工具交到罗伯塔手上。我确信，这比深挖她的过去更有帮助。在第二次咨询中，我说："当你开始胡思乱想时，你可以做这些事。"然后我交给了她这项工具（后面我会详细阐释）。让我惊讶的是，她在接过工具后马上就能开始使用。更令我惊喜的是，这个方法奏效了。我的同行们都错了：向罗伯塔提供即时的帮助并不会让她更加不满足和不成熟，相反，这能激励她在咨询过程中成为一名积极、热情的参与者。

在很短的时间内，我经历了从觉得自己无用到开始对他人施加积极影响的转变。我发现自己渴望得到更多——更多的信息、更多的工具，以及更深刻地理解它们如何运作。它只是个汇集诸多不同技巧的工具箱，还是如我所猜想的，是一种看待人类的全新方式？

为了得到答案，我开始在每一场研讨会结束后堵住菲尔，并尽可能地从他身上获取更多的信息。他总是很配合——他似乎很喜欢回答问题，每个回答又会导向另一个问题。我觉得自己挖到了一个

"信息富矿",并"贪得无厌"地希望带走更多的信息。

但这也带来了新的问题。我从菲尔那里学到的内容非常强大,所以我希望将其作为与求询者交流的核心。但是,没有现成可用的培训计划,也没有可以借鉴的学术范本——这些都是我擅长的东西,而他却似乎毫无兴趣。这给我带来了一丝不安全感:我如何才能有资格接受他的培训?他会不会将我视作培训候选人?我的问题有没有让他不耐烦?

• 菲尔篇

在我举办研讨会之初,一位热情的年轻人巴里·米歇尔斯出现了。他有些犹疑地向我做了自我介绍,说自己是一名心理治疗师,可他详尽细致的提问方式更像是一名律师。无论他是何种身份,他的确非常睿智。

但这并不是我回答他问题的原因,我从未被所谓的学识或权威打动过。吸引我的注意的是他的热忱,以及他回去后打算如何自行运用工具的想法。不知道是不是我的想象,我觉得他似乎在寻找什么,并且最终找到了。

他向我提出的问题也是我从未被问过的。

"我想知道……是谁教的您这些……工具,还有其他所有内容。我接受过的训练从未涉及任何类似的内容。"

"没有人教我。"

"您是说这是您自己提出的?"

我有点儿犹豫:"是的……嗯,也不全是。"

我不确定是否应该告诉他我是如何得到这些信息的,但他的思想非常开明,所以我打算试一试。这是一个有些不寻常的故事,源于我接待的第一位求询者托尼,他很特别。

当时,我和托尼在同一家医院工作,他是一名年轻的外科住院医师,我则是精神科住院医师。托尼不像其他外科医生那样傲慢,事实上,我第一次见到他时,他在我办公室的门旁瑟缩着,像只受困的小老鼠。我问他怎么了,他说:"我很担心,我有个必须参加的考试。"他抖得就像十分钟之内就要开考了一样,但实际上距离考期还有六个多月。所有的考试都让他害怕,而这又是一次大考——外科医学认证委员会考试。

一开始,我用传统的方式解读他的故事。他的父亲通过开干洗店积累了一笔财富,但曾从大学辍学,因此有着深深的自卑感。表面上,他希望儿子成为一位知名的外科医生,并从中得到一种成就感;本质上,他非常没有安全感,害怕儿子超越他,威胁他的地位。在托尼的意识里,他的父亲会将他视为竞争对手并且施以打击报复。所以他会不自觉地害怕成功,考试失败是他的一种自我保护的方式。起码我受到的训练使我相信这一点。

托尼对我的解释表示怀疑:"听上去很教条。我的父亲从来没有为了他自己而向我施加压力,我不能把我自己的问题归咎于他。"尽管如此,我的方法一开始似乎也起了作用,他看上去状态和自我感觉都好了些。但随着考期越来越近,他又开始焦虑,希望推迟考试。我向他保证,这仅仅是出于他对父亲无意识的恐惧。他需要做的就是继续谈论这个话题,直到焦虑的感觉消退。这个传统的方式经历了时间的考验,专门用来解决他这类的问题。我非常自信,向他保证他肯定会通过考试。

但我错了,他考得一塌糊涂。

考试过后,我给他做了最后一次咨询。他看上去仍然像一只受困的老鼠,但这次充满愤怒。他的话一直回响在我耳边:"你根本没有给我真正克服恐惧的方法。你每次都提到我父亲,这就像用水枪攻击大猩猩一样无济于事,真是太让我失望了。"

治疗托尼的经历让我有了全新的认识。我意识到求询者在面临问题时感到的无助,他们需要的是能为他们提供反击之力的解决办法。理论和阐释无法给予他们这样的能量——他们需要的是能够感知的力量。

我还有过其他一连串没这么严重的失败经历。在每个失败的案例中,求询者都遭受着不同程度的痛苦:抑郁、恐慌、难以抑制的愤怒等。他们恳求我治愈他们的痛楚,但我对此无能为力。

我有处理失败的丰富经验。比如我在青少年时期非常喜欢打篮球,总是和比我身体更壮硕、球技更精湛的孩子一起玩(事实上,可能所有人的身体都比我壮硕)。如果我篮球打得不好,我就会多加练习,但这次不同。一旦我对自己学到的治疗方式失去了信心，我就无法继续执业了，这就如同连打球的资格都被剥夺了。

我的导师们都真诚而富有奉献精神，但他们将我的疑问归因于缺乏经验。他们告诉我，大多数年轻的心理治疗师都会自我怀疑，但随着时间的推移，他们就会明白，心理治疗也只能做这么多。一旦接受了它的局限，他们就不会觉得自己很糟糕了。

但我无法接受那些局限。

如果不能为求询者提供他们所需要的东西——一种能够即时帮助他们的方法，我就无法感到满足。我决定，无论如何都要找到这样一种方法。回望过去，当我还是个孩子的时候，我就开始找寻这样的方法了。

我9岁的时候，3岁的弟弟因为得了一种罕见的癌症离世。我的父母不善于表达情绪，但我知道，他们从未走出丧子之痛，厄运的阴云始终笼罩在他们头顶。这一悲剧改变了我在家庭中的角色，他们将对未来的希望都聚焦在我身上，仿佛我有一种神奇的能量能够驱散厄运。每天晚上，我父亲在加班回家后就坐在摇椅上发愁。

但他不是安安静静地发愁。

每当我坐在摇椅旁的地板上时，父亲就会告诫我，他的生意随时可能会破产（他称之为"完蛋"）。他总是问我："要是咱家穷到你只剩一条裤子穿怎么办？""要是我们全家人只能挤在一个房间里住怎么办？"他的这些恐惧都不现实，只是反映了他惧怕死亡再次降临的心情。此后数年，我意识到我的任务就是使他感到安心。事实上，我早就成了父亲的非正式心理治疗师。

那时的我才 12 岁。

我并没有想到会这样，也完全没有仔细思考过这一点，只是被本能的恐惧感驱使：似乎如果我不接受这个角色，厄运就会击垮我们全家人。这种恐惧有多么不切实际，我当时的感受就有多么真实。当我长大后面对真正的求询者时，时刻承受压力的童年经历给了我力量。和许多同行不同，我不会被求询者的诉求吓退，因为我已经扮演了二十多年心理治疗师的角色。

但仅仅有帮助求询者解除痛苦的意愿，并不意味着我知道该如何做，唯一可以确认的是，我在"孤军奋战"：没有可供阅读的参考书目，没有可以切磋的专家，也没有适用的培训项目，我只能跟随直觉，尽管还不知道它们是什么，但直觉即将带领我接触一个全新的信息源。

直觉引领我关注当下，这才是求询者的痛苦所在。让他们回顾过去是一种误导，我不想再让其他求询者重蹈托尼的覆辙。过去的记忆、情绪和洞见虽然富有价值，但我要寻找的是能够立刻为求询者带来安慰的利器。要找到这样的利器，我只能立足于当下。

我只有一条原则：每当求询者希望获得解放，比如走出情感伤痛、自我意识、道德堕落或其他任何原因带来的痛楚时，我必须当即提出实用的办法，帮助他们解决问题。这种做法没有任何"保险措施",所以我养成了一个习惯:大声说出任何我能想到的可能会对求询者有帮助的想法。这有点像弗洛伊德"自由联想"的反向模式,整个联想过程由治疗师而非求询者完成,但我不确定求询者是否同意我这样做。

我掌握了一个诀窍,它使我在并不知道接下来要说什么的情况下能够持续说下去,像是有一种力量在通过我发出声音。本书中的工具(以及它们背后所蕴含的哲理)在一点点显露真容,检验它们的唯一标准就是是否有效。

如果还没能为求询者提供特殊工具,我的工作就还没有完成,问题的关键是要理解我所用的专有名词"工具"。工具不仅仅是一种"态度调整"——如果仅靠调整态度就能改变你的生活,那你就不需要这本书了。真正的改变要求你改变行为,而不仅仅是态度。

假设你在不如意的时候朝配偶、孩子、员工大喊大叫,发泄情绪,此时有人帮你意识到这是不恰当的,会破坏你的人际关系。现在,你对大喊大叫这种行为就有了新的态度。你可能会觉得受到了启发,自我感觉也在变好……直到你的员工又犯下重大错误。到那个时刻,你想都不想就又开始喊叫了。

改变态度不会让你不再喊叫,因为态度的力量并没有强大到可以控制行为。要想控制行为,你需要在特定的时间用特定的步骤处理特定的问题——这个特定步骤就是"工具"。

你将在第三章学到适用于这种场景的工具(可能的话,请尽量控制情绪,不要喊叫)。重点在于,工具和态度调整不同,它要求你有实际行动。不仅如此，它还要求你在每次感到懊丧时都重复这样的行动。没有行为上的改变，只有新的态度是没有意义的，而确保能够改变行为的方法就是运用工具。

除此之外，工具和态度之间还有更大的区别。态度由大脑内部的想法构成，也就是说，即便你改变了态度，你也仍处在既有的思维局限中。工具最大的价值在于，它使你不再仅仅局限于大脑内部的活动，而将你与无限大、具有无限能量的世界联结。你将这样的世界称为"集体无意识"也好，"精神世界"也罢，都无所谓。我倒觉得可以简单地将其称为"更高的世界"，其中蕴含的力量则称为"更高动力"。

因为需要通过工具来获得这种力量，所以我花费了大量的精力去开发工具。一开始，相关信息只呈现了粗糙的原始形态，我不得不上百次地调整同一种工具。我的求询者从无怨言，事实上，他们很喜欢参与创造的过程。他们总是愿意尝试工具的新版本，并在尝试之后告诉我什么管用、什么不管用。他们的心愿就是得到工具的帮助。

这个过程使我在他们面前显得有些脆弱，因为我不能像个无所不知的权威人士一样，高高在上地向下传递信息。这项工作更多地需要治疗师和求询者共同努力——这对我而言是一种安慰。我一向不喜欢传统的治疗模式，在那种模式中，似乎求询者被视作"病人"，而治疗师则伸直了手臂像握着一条死鱼一样握着求询者，好像这样就能"治愈"他们。这种模式常常让我感到不快，我并不觉得自己比求询者好多少。

真正让我享受治疗师这一身份的，不是与求询者保持距离，而是将力量传递到求询者手中的过程。我送给他们的超级大礼就是教会他们使用工具——一种改变生活的能力。每开发出一件完善的工具，我都无比满意。

在开发工具的过程中，当一项工具完全成形时，它会惊人地清晰，而绝不像是凭空捏造的，我能够明显感到我只是在发掘已经存在的事物。在研究每一个问题时，我都坚信有一件能带来安慰和解脱的工具待我发现。我就像一只紧紧咬住骨头的狗，直到工具出现才肯松口。

这种信念将要换来超乎我想象的回报。

随着时间的推移，我观察到了定期使用工具的求询者身上发生的变化。正如我期望的，他们现在能够控制自己的症状：恐慌、消极、逃避等。但也发生了一件意料之外的事：他们开始开发全新的能力。他们能更加自信地表达自我，体验从未有过的创造力，并且发现自己成了领导者。他们开始对周遭的世界施加影响——这对大多数人来说都是第一次。

我并没有预料到能产生这样的效果。过去，我将我的工作定义为使求询者恢复常态。但这些求询者远远超出了常态，开发出了连自己都不知道的潜力。工具在现阶段缓解了他们的痛楚，从长远来看还能影响他们生活的每个部分。这些工具的作用比我预期的还要强大。

为了深刻了解这一过程，我需要将关注点扩大至工具之外，近距离观察它们释放的更高动力。我以前在工作中也见识过这种力量，你一定也见过——每个人都经历过。它们蕴含一种隐藏的、无法预料的能量，让我们能够做到通常以为不可能的事。但对大多数人来说，只有在紧急情况下才可能激发这种能量。有了它们，我们就会在更为强大的勇气和智慧的加持下实施行动。但当紧急情况结束时，这种能量就流失了，我们就会忘记有过这样的能量。

求询者的经历让我大开眼界，得以从全新的视角看待人类的潜力。他们看起来似乎每天都在汲取这些力量。只要使用工具，就可以随时产生更高动力。这一发现彻底改变了我对心理治疗方法的认知：与其将问题视作过去的原因导致的"症状"，不如将它们看成催化剂，用来开发在我们体内休眠的更高动力。

而心理治疗师需要做的不仅仅是将问题视作催化剂，他们的工作在于使求询者实实在在地接触他们需要用来解决自身问题的力量。这些力量不仅仅是口头上说说而已，更需要被感知。这就需要传统的心理治疗从未提供过的东西：一套工具。

我花了一个小时倾吐了大量信息，巴里从容接收，还对某些要点频频点头。唯有一点美中不足，那就是我注意到每当我提及"更高动力"时，他都一脸疑惑。我知道他不太善于掩饰自己的想法，所以我已经准备好接受接下来无可避免的"质问"了。

菲尔所讲的大部分内容都富有启发性。我像海绵一样吸收着他给出的信息，并准备将其用在我的求询者身上。但有一点我始终无法消化,那就是他不断提及的"更高动力",他要我相信某种难以测量甚至看不到的事物。我很肯定自己将这种疑惑隐藏得很好,并没有被他发现,但他打断了我的思考。

"有什么东西在困扰着你。"

"不,没有……你讲得特别棒。"

他就这样盯着我。上一次我感到自己被这样盯着看,还是小时候被逮到往麦片里放糖。"好吧。就一个小地方……嗯,也不是那么小。你真的确定存在这些'更高动力'吗?"

他看上去很笃定。然后他问我:"你在生活中是否经历过类似'量子飞跃'的重大变化,做到了远超你所认为的自身能力范围的事?"

事实上,我确实有这样的经历。尽管想要尽力忘却这件事,我的职业生涯是以律师身份开始的。22岁那年,我被全美最顶尖的法学院之一录取;25岁时,我以优异的成绩毕业并立刻被一家知名律师事务所录用。征服了一套升迁体系后,我站在了事业的巅峰,一种厌恶感却油然而生。我觉得法律工作刻板、保守又无趣,时常有辞职的强烈冲动。但我向来严于律己,放弃不是我的风格。我该如何向别人,尤其是向一直以来鼓励我成为大律师的父母解释自己想要辞掉这份体面、高薪的工作呢?

但最后我还是辞职了。我清楚地记得那天:28岁的我站在当时办公楼的大堂,看着外面人行道上路过一张张沉默而呆滞的脸。有一刻,我惊恐地看到自己的脸映在窗上,双眼毫无神采。这让我突然意识到自己可能会失去一切,变成像他们一样的西装革履的行尸走肉。一瞬间，我感受到了前所未有的坚定和确信。我不再纠结，任凭这个念头把我带到老板的办公室，我当场提出了辞职。当我带着菲尔提出的问题回看此事时，我意识到自己也曾被一股莫名的力量驱使。

当我把这件事描述给菲尔听时，他非常兴奋，指着我说道："这就是我所说的，你感到有股更高动力在运行。人们总是会有这样的经历，但他们不明白自己感受到的是什么。"他顿了顿，然后问我："你没有预料到这件事的发生，对吧？"

我摇了摇头。

"假设你能随心所欲地运用这股力量，你能想象你的生活会变成什么样吗？这就是工具要带给你的。"

虽然我还是不能完全接受更高动力的概念，但这不重要。不管这股力量叫什么名字，它都让我改变了自己的人生，我相信它真实存在着，因为我已经感受过了。如果工具可以让我每天都能运用更高动力，那我便不在乎到底要怎么称呼它。当我把工具介绍给求询者时，他们也不在乎。一想到可能会真正帮助他们改变人生，我就很兴奋，浑身散发出无法伪装的热情。以前，从未有任何事物能像这种热情一样引起求询者的关注。

我收到了一致的好评，许多人都说咨询变得更有效了。"以前，我在咨询结束的时候都是一头雾水，不确定从中获得了什么有用的东西。现在，我在离开时会觉得能做些对自己有帮助的、实际的事情。"在我短暂的职业生涯中，我第一次感受到了自己有能力向求询者倾注希望。这改变了一切。不断有人对我说："你在一次咨询中给予我的，比我在过去数年的心理治疗中获得的还多。"我的实践能力在快速进步，这让我比过去任何时候都更加满足和快乐。千真万确，我注意到我的求询者发生了改变，和菲尔发现工具时在他的求询者身上看到的变化一样。他们的生命在以意想不到的方式扩展，他们成了更好的领导者、更好的父母，在生活的各个方面都更加无畏。

距离我和菲尔的初次相遇已经过去了25年。这些工具实实在在带来了他所说的效果：与改变人生的更高动力建立日常联结。越常使用工具，越能清晰地感受到这种力量是"穿过"我，而非"来自"我的——它们是来自别处的馈赠。它们带着一种超凡的能量，使我能够做到从未尝试过的事情。久而久之，我便能够慢慢接受更高动力赋予我的全新能量。我不仅亲身体验了25年，还有幸训练了我的求询者，帮助他们持续汲取这种力量。

本书旨在为你提供同样的使用更高动力的机会。这种力量将会彻底改变你看待人生和问题的方式，有了它的帮助，你就不再会被人生中的问题吓倒或者击垮。你不会再问："要解决这个问题，我该做点儿什么？"而是会提出截然不同的疑问："我应该用哪种工具来解决它？"

我和菲尔两个人累计拥有60年的心理治疗经验。基于这些经验，我们发现了导致人们无法过上理想生活的四个根本问题。能在多大程度上摆脱这些问题，决定了你能从生活中获得多少幸福感和满足感。接下来的四个章节将会分别解决这四大问题，每一章也会向你提供解决这些问题最为有效的工具。我们将会解释这些工具如何使你与更高动力联结，也会阐明这种力量如何能够解决你的问题。

可能你的问题和我们讨论的求询者的困惑并不能完全对应，但这并不意味着你不能运用工具。你会发现，工具将在不同情形下给予你帮助。为了进一步说明这一点，我们会在每一章的末尾介绍每一种工具的"其他用途"，或许里面至少有一种可以应用到你的生活中。我们发现，工具所唤起的这四种更高动力是过上充实生活的基本需要。比起在意你面临的问题以何种形式呈现，更重要的是你要使用这些工具。

我们对本书的所有内容都充满信心，因为它们都是从真实经验中提炼而成且经过测试的。但你也不要全盘接受这些内容，要带着怀疑的眼光去阅读，这样你可能会发现自己对某些观点持有疑问。我们以前也听到过很多疑问，因此在每一章的结尾，我们会回答最为常见的问题，但真正的答案隐藏在工具中，使用工具将会使你感受到更高动力带来的效果。我们发现，一旦人们反复感到这种效果，他们在前进道路上的障碍就会消失。

我们的目标是让你使用这些工具，所以我们在每一章的结尾将会对本章探讨的问题、与之对应的工具及如何使用这项工具做出概述。如果你想要认真地使用工具，你就会一遍一遍地回看这些概要，让它们帮助你朝着正确的方向持续迈进。

看完接下来的四个章节，你就会学到四个能够使你过上充实生活的工具。你可能会认为这就是你的全部所需了，其实并不是。让人惊讶的是，大多数人在工作中不会使用这些工具。人性中最让人"抓狂"的一点就是：人们总是不做那些最能帮助到自己的事。

我们真心想要帮助你改变自己的生活。如果你也有相同的愿望，那你就必须克服自身的阻力，这是关键所在。为了成功，你需要理解是什么阻碍了你使用工具，也需要找到一个解决的办法。第六章会告诉你如何去做，它会教给你第五种工具（某种程度上也是最重要的一种），会确保你持续使用其他四种工具。

要确保持续使用工具来联结更高动力，你就必须具有坚定的信念。更高动力非常神秘，你可能会时不时质疑它的存在。有人甚至将其称为"现代的存在主义问题"——如何对完全看不见摸不着的事物保有信念。就我个人而言，我从小便从父母那里学会了怀疑，因为他们都是无神论者。他们可能还会嘲笑"信念"一词，更不要说"更高动力"这种无法对其进行理性或科学解释的词语。第七章记录了我在学会信任这些力量的过程中经历的思想斗争，希望能够帮助你对它们产生同样的信任。

相信我，如果我能够学会坚定信念，那么任何人都可以。

我原以为承认更高动力的真实存在就是我要做的最后一步，但我错了，菲尔还有一个更为疯狂的想法。他声称，每当有人使用了一种工具时，由这种工具唤起的更高动力便不只使他自己受益，也使他身边的每一个人受益。经过数年的实践，这个想法逐渐显得不那么疯狂了。我开始相信，更高动力不仅能造福社会，甚至可以说是人类生存的必需品。你不必相信我的一家之言，第八章将会帮助你亲身体验。

社会的健康发展离不开每个人的努力。每当我们当中的任何一员触及更高动力时，我们所有人都会受益。这使懂得如何使用工具的人肩负起了一项特殊的使命：要成为将更高动力带向全社会的先锋，创建一个全新的、被重新注入活力的社会。

每天清晨，我在醒来时都会感激更高动力的存在，它们总是以新的方式出现。通过本书，我们将和你分享其奥秘所在。让我们一起开始探索之旅吧。

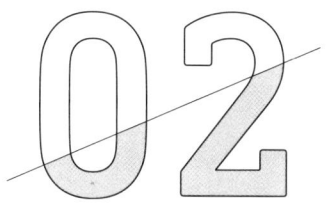

工具一：
逆转渴望

当你必须做一件你一直逃避的事时，请使用这项工具。

人们都会避免做对自己来说最痛苦的事，而宁愿生活在一个严重限制我们从生活中有所收获的舒适圈里。这项工具可以让你直面痛苦、采取行动，帮助你的人生再次前进。

我的求询者文尼有一项颇具争议的"天赋"：他几乎可以在和任何人刚见面的几分钟内就把对方惹恼。他第一次来找我咨询时，我在候诊室跟他打招呼，他大声地讽刺道："嘿，装修得不错嘛！这些破烂儿是在旧货市场淘的吧？宜家①的家具对你来说可能都太贵了。"如果不把自己的智慧用来"自绝于人民"，他其实是个才华横溢的脱口秀演员，但在他的简历上却看不出这一点。我见到文尼时，他33岁，已经在脱口秀舞台上表演了十几年，却始终只能混迹于小型俱乐部。

其实，文尼并非没有机会。他的经纪人竭尽全力为他在更大的俱乐部、脱口秀节目和情景喜剧中谋求一席之地。尽管这些机会竞争激烈，但文尼还是很有优势的，因为他非常有趣。但问题在于他不停地破坏经纪人的努力。有一次，经纪人安排他与一家在业内呼风唤雨的大型俱乐部的老板见面，他却没有出现，甚至也没有打电

---

① 宜家（IKEA），瑞典知名家具和家居零售品牌。——编者注

话去解释原因或者重新安排见面时间。这简直就是压垮经纪人的最后一根稻草,他威胁文尼,如果不来找我咨询就要解雇他。"所以我就决定来走个过场。"文尼狡黠地眨了眨眼。

我问文尼,那次为什么没有赴约。他找了一大堆借口,第一个就很滑稽。"我可不是能早起的人,"他委屈地抱怨道,"我的经纪人明明知道的。"

"如果这次见面对你的职业生涯很重要,就不能破例一次吗?"

文尼坚决地摇摇头:"我绝对不会踏上那台所谓的'为了事业去做任何事'的'疯狂跑步机'。那样的话,压力太大了。"

如果连早起都这般吃力,文尼的事业停滞不前也就不足为奇了。错失与大老板的见面只是他"自我破坏"的最新例证而已,另一次"滑铁卢"发生在一场他被经纪人安排参加的露天慈善募捐活动上。一开始他表现得很好,但他后来又讲了一堆冒犯别人的笑话,最后被观众嘘下了台。他似乎很享受把人惹怒这件事。还有一次,他的经纪人想尽办法让他获邀出席一场好莱坞宴会,在那儿他本有机会向给电视情景喜剧选角的人美言几句,结果他烂醉如泥、衣衫不整地出现,浑身散发着呕吐物的气味。

"你有没有问过自己,为什么会搞砸自己的事业?"我问他。

"我没有搞砸任何事,我只是不想出卖自己。你在宴会上溜须献媚,看上去似乎无伤大雅,他们可能真的会帮你一把。但很快你就要重新审视你的笑料包袱,把最好玩的讽刺部分进行删减。最后,你就只能为了讨好观众、让自己显得有亲和力而讲一些平平无奇的笑话。"

如果"显得有亲和力"意味着需要准时出席聚会,那这正是文尼需要做到的,但他并不这么认为。

"我的工作要求我显得有趣,而不是讨好别人。如果你想要讨好型的表演者,那你找一个认为白面包抹蛋黄酱很美味的人就好了。我还可以贡献一只牛皮纸袋,让他带着这份美味去上班。"

文尼现场展示着他如何毁掉自己的事业,更糟糕的是,他相信自己这样做是出于美德。但我当场揭了他的老底。

"我觉得你已经想通了,你可以去跟你的经纪人说,没有他你也会过得很好,你对自己的现状很满意,你也可以自行安排俱乐部的演出时间。"我把笔记本和笔扔到桌上,站了起来,"如果现在就结束咨询,我可以不收费。"

文尼瞪大了眼睛,说话开始有些结巴。"但……但是……我想我们可以……"他闭上眼睛重新组织了一下语言,"我并不是不想有更好的发展。"

"那何妨实话实说,为什么一直把事情搞砸?"

文尼沉默了一小会儿,最后终于承认,他讨厌将自己的命运寄托在别人身上,比如面试、试镜,甚至只是给可能对他的事业有帮助的人打个电话。这些情形会让他感到处于弱势,容易受挫,所以他避之唯恐不及。

我问他,对别人有需求有什么不好。

"我讨厌这种事情!"他吼道。在几个问题之后,他终于坦陈了原因:"我天生就是个逗人开心的小丑,大声地表演去吸引人们的注意力。小时候,我经常在我父亲的客户身上试验新的笑料,他快被我搞疯了。"

"为什么？"

"他做特殊行业。"

"什么样的生意呢？"

"殡葬业。"

我忍不住笑了："别这样，文尼，严肃点儿。"

"我很严肃。那时候，我每天都溜进休息室，在那些客户面前表演，每天晚上我都会挨一顿打。如果我崩溃大哭，父亲就会叫我'小兔崽子'，然后打得更厉害。"他的双眼噙满泪水，"那真是一段噩梦。"

文尼为何避免处于容易受挫的境地，原因清楚了。对任何可能对他施加痛苦的人，他永远不想给他们任何机会，但他选择牺牲自己的事业，付出的代价就太大了。

你可能不一定会做出文尼那样的牺牲，但为了避免痛苦，人们从来都会选择放弃点儿什么。

舒适圈

如果我们一年之内只需要规避一两次痛苦，那不成问题。但对大多数人来说，规避痛苦可以说是家常便饭。我们将自己隐藏在一堵看不见的墙后，不敢走出一步，因为我们觉得痛苦就在墙外。这个安全空间就是所谓的"舒适圈"。在极端情况下，人们躲在四面都是墙壁的家中，害怕走到外面的世界，这就是心理学上讲的旷场恐惧症[1]患者的表现。但对大多数人来说，舒适圈不是一个物理空间，它是一种避免痛苦的生活方式。

文尼的舒适圈就是由让他感到安全的环境构成的：一个小俱乐部，里面有稳定的观众群；一小群高中时代的朋友，对他讲出的每一个笑料都会发笑；还有一个不管他提什么要求都永远不离不弃的女友。他尽量避免做任何自我暴露的事，比如为了获得一份更好的工作去试镜，结交对自己事业有帮助的人，与一个有自己生活的女性交往。

你的舒适圈可能不像文尼这样明显，但你一定也有——我们都有。下面让我们一起来看看你的舒适圈是什么样子的。（最好是闭着眼睛）做一做下面的练习：

> 选一件你讨厌的事，比如旅行、见新朋友、家庭聚会等。
> 试想一下，你会如何安排自己的生活来避免做这些事？
> 你想象中的模式就是你的藏身之处，就是你的舒适圈。
> 感觉如何？

你可能会觉得自己处在一个安全熟悉的地方，远离了外界可能带给你的伤痛。这个练习几乎重建了你的舒适圈，但还差最后一个要素。虽然很奇怪，但对我们而言，仅仅逃避痛苦是不够的——我们坚持认为痛苦应当被快乐取代。

---

[1] 旷场恐惧症（agoraphobia），又称广场恐惧症，为焦虑症的一种，特指对在公共场合或开阔的地方停留的极端恐惧。——编者注

于是，我们沉溺于一系列让人上瘾的活动中：上网、酗酒、看色情片，吃所谓的"安慰食物"，甚至疯狂地赌博和购物也都可能带来欢娱的情绪。这些行为都非常普遍，可以说，我们的整个文化导向便是在寻找舒适圈。

我们将这些行为融入了日常生活。比如，文尼每天晚上都和同样的朋友在一起消遣、吃比萨、玩电游。他说，在这段时间里，他就好像进入了平行宇宙，"周遭的世界似乎一下子就消失了"。

这个平行宇宙像是一次舒缓而愉悦的热水澡，在某个瞬间，你甚至觉得自己似乎回到了母亲的子宫。事实上，这类"热水澡"行为将会对你造成更大的负面影响。你越是躲在"热水池"里，就越不愿意回到现实的"冷水池"中。

问问你自己，你有哪些"热水澡"行为。越是频繁地沉溺于这些行为当中，就越有可能用它们来创造舒适圈。现在，尝试做一做下面的练习：

> 感受自己沉溺在一种或者多种"热水澡"行为中，想象你感受到的愉悦将你带入了子宫一般的世界。这样的世界会如何影响你的目标感？

不管你的舒适圈由什么构成，你都会为此付出巨大的代价。生活赋予了我们无数的可能性，但随之而来的还有苦痛。如果不能忍受苦痛，你就不算真正地活着。有很多不同的例子：假如你害羞、不喜欢与人交往，那你就失去了集体意识带来的活力；如果你有创造力却不能承受批判,那你就无法向市场兜售你的创意;如果你是一位领导者,但做不到与他人正面交锋,那就没有人愿意跟着你干。

舒适圈本该使你的生活安全,但实际上它会将你的圈子变小。文尼就是最好的例子。他生活的方方面面——他的事业、友谊,甚至感情生活,都是人生原初可能性的缩影。

图 2.1 揭示了舒适圈的范围和待在舒适圈里所要付出的代价。大多数人就像图 2.1 中的小人儿一样被困在舒适圈中。要想利用生活赋予我们的无限可能,就要敢于冒险。我们首先需要面对的就是痛苦。如果无法熬过痛苦,我们就又会退回安全地带,就如图 2.1 中的箭头所示,虽然离开了舒适圈,但在接近痛苦时又折返了。最终,我们就会彻底放弃逃离舒适圈,最宝贵的梦想和抱负也就都丧失了。正如 19 世纪的医生、教师和作家奥利弗·温德尔·霍姆斯在

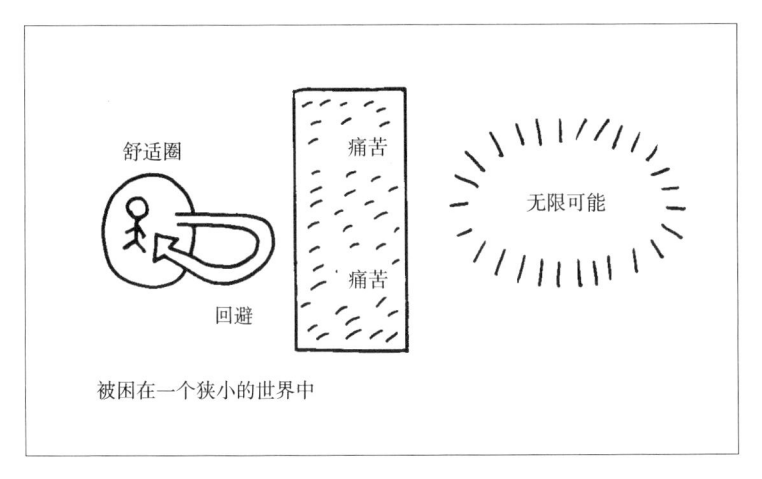

被困在一个狭小的世界中

图 2.1 舒适圈的范围和待在其中所要付出的代价

《无声者》(The Voiceless)中所言:"哀口不能言,唯满腹歌声随身去。"①

"满腹歌声未唱而去"未尝不是一种悲剧。更糟的是,我们就是"偷走"自己声音的罪魁祸首,是我们自己使自己缄口。即便付出了如此惨痛的代价,我们还是没有离开舒适圈。为什么呢?

因为我们都受困于一种典型的现代弊病:对即时满足的需要。舒适圈让我们当下感觉良好,谁还在乎未来才会出现的后果呢?但后果终将来临,还会带来最深的痛苦,那就是让你意识到你浪费了生命。

作为一个社会整体,我们受到的教育让我们期待甚至要求获得即时满足。同时,我们还有超凡的能力将这一弊端合理化。我们不承认自己是在逃避痛苦,而是告诉自己,这样做是美德的表现,就如文尼坚信他的做法是为了不"出卖"自己。最终,我们就会产生扭曲的世界观,使逃避变成一件正确的,甚至勇敢的、理想的事。自我欺骗——这才是最糟糕的情形,它会让改变更加不可能发生。

向文尼解释了这些之后,他开始理解了自己为何如此困顿,并且感觉稍微好一些了。谢过我后,他向门口走去。

"别着急!"我说,这让文尼吃了一惊,"我很高兴你感觉好点儿了,但如果我们止步于此,你就还困在舒适圈中没有走出来。你想不想承受后果?"

---

① 原话为:"Alas for those that never sing, but die with all their music in there."——编者注

"如果你现在就能放我走,那可以啊。"文尼半开玩笑地回答。但他坐了回来。我第一次看到他的眼睛里闪烁着"生活会更好"的希望。

更高动力:前进的动力

极少数人会拒绝过受限的生活。他们经历重重痛苦——被拒绝、失败、短暂的尴尬和焦虑等,也能够处理自律带来的微小而乏味的痛苦,强迫自己去做大家都知道应该做但不会去做的事,比如锻炼身体、健康饮食、规律生活。他们不逃避任何事物,所以他们可以追逐自己最高远的目标,比其他人更具生命力。

目标感给了他们承受痛苦的力量。现在的所作所为,无论多么痛苦,对未来而言都是有意义的。逃避者只关心即时满足,却不对自己的未来负责。

目标感不是凭空想想就能获得的,它需要你做出实际行动向未来迈进。当你开始行动时,你就激活了一种比对逃避痛苦的渴望更强大的能量。我们将其称为"前进的动力"。

这是本书将会谈及的第一种更高动力。它之所以是"更高"动力,是因为它存在于宇宙的创造和运转之维度,有着神秘的力量。这股能量虽然看不见,但它带来的影响却环绕着你。这是"前进的动力"最为明显的特征。

这股能量就是生命本身的能量。所有生物——从单一有机体到一个物种,再到整个地球——都带着目标感向未来迈进。20世纪的英国诗人狄兰·托马斯将其称为"通过绿色的导火索催生出花朵的力量"[①]。生命在地球上生生不息地绵延数百万年，就证明了这股"前进的动力"拥有所向披靡的力量。

这股能量也触及你的生命。生命之初，你只是个无助的婴孩，但在相当短的时间内，你就可以经历从爬行到站立再到行走的过程。尽管其间有无数痛苦的挫折，你还是做到了。如果你去观察一个蹒跚学步的孩子，你就会发现，无论跌倒多少次，他都会快速地重新站起来，继续追逐自己的目标。他的目标感是惊人的，他已经在汲取"前进的动力"。

这股能量驱使孩子发展他们成长所需的基本技能。因为它在每个孩子身上发挥的功能是相同的，所以孩子们意识不到它的普遍存在。在成年人身上就不同了。成年人的核心使命是找到自己存在于这个世界上的目的，而每个人的目的不尽相同，找到它就成了一件个人化的事情。只有在个人有意识地使用它，并接受随之而来的痛苦时，"前进的动力"才会发挥作用。

大多数人都选择了逃避，结果辜负了体内的潜能，永远无法成为真正完整的自己。文尼就是一个绝佳的例证：在孩提时代，他受到内心的驱使，想做一名表演者，尽管挨打，他仍然坚持为父亲的客户表演。但成年之后，他决定不再让自己那么脆弱。这个决定让他成了一个痛苦且受局限的人。

我激动地告诉文尼："在前进状态中，你的人生会变成一颗光

---

① 原话为"the force that through the green fuse drives the flower"。——编者注

芒四射的星星，向外扩展；但如果你躲在舒适圈中，你的人生就像一个黑洞，不断向内坍缩。"

文尼并没有被我的热情感染，他说："你根本不知道在一群浑蛋面前提心吊胆是什么感觉。"

虽然他的话很尖刻，但我完全能够理解。对文尼而言，"前进的动力"只是一串文字而已。在他对这股能量产生信念之前，他需要感受到它正在将他从狭小的世界中带离。

我认为，这种源自内心的经历正是传统心理治疗所缺失的。治疗法可以激发想法和情绪，却不能将求询者与这些可以改变他们生活的能量直接联结起来。我在遇到菲尔的时候，立刻意识到他知道如何建立这种联结。答案就在他发现的工具中。

工具的作用是利用好更高动力中不同寻常的特性。我们习惯于运用那些我们能够掌控的能量，比如踩油门、开灯、打开热水，并获得我们所期望的回应。这些能量与我们是分离的，我们是从外部控制它们的，至于我们内心是何状态，那并不重要。

更高动力不是这样，它们并不受外部控制。要驾驭更高动力，你需要成为它的一部分。你要采取和更高动力相同的形式，使自己成为它的微缩版。这不是光靠想象就可以做到的，你需要改变你的状态。

这就是工具的精髓。本书的每一种工具都能让你"模仿"不同更高动力的运作方式，让你成为其中一部分，并汲取它的能量。本书阐释了五种基本更高动力的本质，并针对每一种能量教你使用与之匹配的工具。通过练习，你将能够随心所欲召唤这些能量。它们将会赠予你一件无价之宝——创造未来的能力。

工具：逆转渴望

之所以选择"前进的动力"作为我们讨论的第一个更高动力，是因为它具备最为明显的特质：带着目标感，锲而不舍地穿越宇宙。要汲取这股能量，你需要在自己的人生中勇往直前，只有这样，你才能呈现和这股能量相同的状态。

但这并不容易。现在，你已经明白，人们会不惜一切代价逃避前进带来的痛苦，而菲尔不会被这个讨厌的人性弱点吓到。他自信满满地告诉我，任何人都能够掌控对痛苦的恐惧。我问他为何如此笃定，他说，他发现了一种可以训练人"渴望痛苦"的工具。

这话即便是菲尔说的，听上去还是很奇怪。我怀疑他有受虐倾向——甚至更糟。然后，他告诉了我下面的故事，我才理解了他的"疯狂"。

- **菲尔篇**

那时候我13岁，在男子中学读初中二年级，是个瘦成皮包骨的小不点儿，似乎每个人都比我高。对我来说，每周最可怕的环节是机械制图课，因为我画得特别烂，就像罗夏墨迹测验①里的涂鸦一样。

更可怕的是我的同桌，他18岁了，体格壮实、毛发浓密，是学校橄榄球队的老队长和明星跑卫。我看着他，就像看着一个神与危险动物的混合体。幸运的是，我们至少有一个共同点，那就是在这门课上都画得一塌糊涂。正因为同病相怜，他向我敞开了心扉。

他聊了他最感兴趣的话题——橄榄球。他被认为是这座城市的最佳跑卫。但不知为何，他急于向我解释自己是如何获得这一殊荣的。

他所说的话震撼了我，40年后的我依然记得。他说，他并不是这个城市速度最快的跑卫，也不是最敏捷的，比他强壮的球员也比比皆是，但他仍然成了这座城市的最佳跑卫，并且通过丰厚的奖学金证明了这一点。他解释道，原因不在于他的体能足够强健，而在于他对待撞击的态度。

他要求自己在争球后的首次对抗中就拿到球，然后他就会跑向最近的防守球员。他不会做假动作欺骗防守球员跑出界，也不会自己跑出界，他会直接冲向防守球员，故意受到撞击，不管有多痛。"等我站起来的时候，我感到棒极了，活力满满。

---

① 罗夏墨迹测验：又称墨渍图测验，是一种著名的投射型人格测试，由瑞士精神科医生罗夏（Hermann Rorschach）创立。测验通过向被试展示标准化的由墨渍偶然形成的图形，让被试自由说出由此联想的东西，然后将这些反应用符号进行分类记录，加以分析，进而对被试人格的各种特征进行诊断。——编者注

这就是我得到最佳跑卫的原因。其他的跑卫都害怕我，从他们的眼睛里就能看出来。"他说得对，没有任何一个人和他一样，希望被防守球员碾轧。

我的第一反应是他疯了。他生活在一个把痛苦和危险当作家常便饭的世界中，还很喜欢，而这正是我在年少时一直在逃避的世界。但我无法停止思考他这种疯狂的想法：如果直面痛苦，你就会发展出超能力。随着岁月的流逝，我越来越发现这是对的，而且不仅仅体现在体育领域。

虽然他自己并没有意识到这一点，但他向我介绍了掌控痛苦的秘诀，还给了我发展出联结普通人和"前进的动力"这一工具的基础。

这位球员之所以在同龄人中崭露头角，是因为他"逆转"了常人逃避痛苦的渴望，反而想要获得痛苦。这对他来说很自然，对普通人来说似乎不可能，其实不然。有了合适的工具，任何人都可以训练自己渴望痛苦。

这种工具叫作"逆转渴望"。在你尝试使用它之前，先构想一个你正在逃避的情形。不必非得像那个球员一样遭受身体上的痛苦，因为你更有可能在逃避某种情绪上的痛苦，比如一通迟迟拖着不愿意拨出的电话、一个难以应付的项目，或者一项仅仅有些无聊的任务。文尼逃避的就是他在演艺事业的前进路上必须面对的被人拒绝的场面。

当你选择了某个情形之后，想象一下你可能会感受到的痛苦。

然后，忘掉这个情形，专注于痛苦本身，再尝试着使用工具。

> **"逆转渴望"使用方法**
>
> 1. 将你面前出现的痛苦看成一团云，在内心默默地朝它呐喊："来吧！"感受一种对痛苦的强烈渴望，让它将你带入这团云。
>
> 2. 在你保持前行的过程中，再无声地呐喊："我爱痛苦！"深入那片笼罩着你的痛苦中去。
>
> 3. 你会感到那团云将你吐了出来，并在你身后合上了。此刻在内心坚定地告诉自己："痛苦让我自由！"当你离开那团云时，感受自己被向前推入了一个闪耀着纯净光芒的国度。

前两个步骤需要激活你的个人意愿，但在最后一步，你应该会感受到有一股比你强大得多的能量在带领你，这股能量就是"前进的动力"。

当你直面痛苦时，将它想象得越极端越好。如果出现最坏的结果，你的感觉会是什么？比如，台下观众朝你的演讲喝倒彩、你的伴侣在架吵到一半的时候离家出走等。如果你能掌控最坏的情形，那一切都会变得简单。痛苦越是剧烈，你越是积极地迎接痛苦，你就会创造越多的能量。

学会快速且认真地完成这三个步骤。不要只做一遍，要多次重复这些步骤，直到你将痛苦完全转化成能量。你可以记住每个步骤中的关键短语：

1."来吧！"
2."我爱痛苦！"
3."痛苦让我自由！"

只说这三句话就能帮到你。

现在你应该清楚了，为什么我们将这种工具称为"逆转渴望"，因为你已经将自己逃避痛苦的常规渴望转变成了直面痛苦的渴望。

"逆转渴望"如何掌控痛苦

定期使用工具会揭示一个关于痛苦的秘密——痛苦不是绝对的。你对痛苦的感受，会根据你做出的反应而改变。当你走向痛苦时，它就会退缩；当你逃避痛苦时，它就会增长。如果你打退堂鼓，痛苦就会像噩梦中的怪兽，对你穷追不舍；如果你直面这只怪兽，它就会灰溜溜地走开。

这就是为什么渴望是工具至关重要的组成部分，它会让你持续向痛苦迈进。你渴望痛苦并非因为你是受虐狂，而是因为你可以吓退它。当你每次都有信心做到这一点的时候，你就掌控了自己对痛苦的恐惧心理。

图 2.2 阐释了这个过程。这一次，当小人儿离开舒适圈时，他的心态全然不同了。他不仅不逃避痛苦，反而渴望痛苦。正是这种渴望使他行动了起来。我已经说过，当你朝痛苦走去时，痛苦就会退缩，变得不再令人生畏。如此一来，你就能穿过痛苦，来到一个充满无限可能的广阔天地。

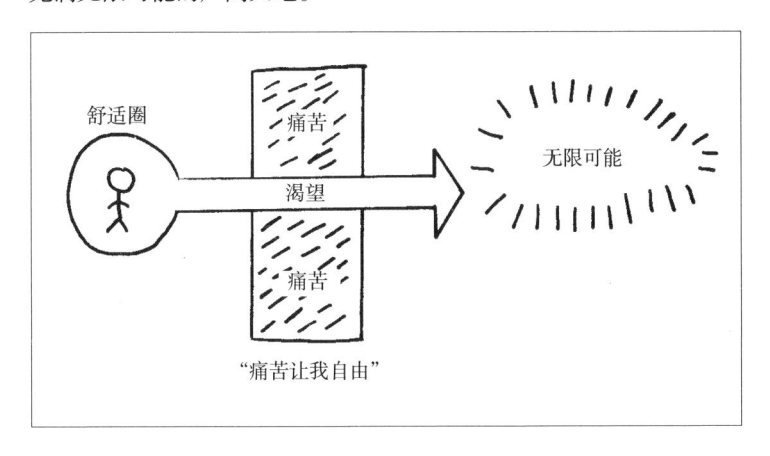

图 2.2　朝痛苦走去，它就会退缩

我父亲在教我人体冲浪时，给我上了关于如何运用力量去迎战痛苦的第一课。一开始，他向我展示了如何进入寒冷刺骨的海水：一头扎进去，什么都不要想。他和我从海岸出发全速冲刺，再尽可能深地潜入水中。这是种冲击，但当其他游泳者还在挣扎着一点儿一点儿进入水中的时候，我们已经开始人体冲浪了。回想起来，我意识到，这是我第一次被鼓励着主动走向痛苦。

何时使用"逆转渴望"?

我带着文尼在办公室里多次练习"逆转渴望",一直到我相信他能自如地运用这项工具。"我感受到满满的能量,像是一直在健身一样。"他承认,"所以,我应该何时使用这项工具呢?"

这是个好问题,它对本书提到的每一种工具都适用。和学会使用工具同样重要的是知道何时使用它。我们发现,这件事不能交由命运安排。每一种工具都有一些很容易分辨该何时使用它的时刻。我们称之为"提示",就像提醒演员说台词的提示一样。每当你识别到提示时,你就要马上使用工具。

对于"逆转渴望",第一个提示很明显,就是在你即将做某件想要回避的事之前,比如,你必须要给一个让你害怕的人打电话,或者当你确实需要认真处理工作时,你感到焦躁和烦乱。在这些时刻,专注于你在开始行动时所感受到的痛苦,运用工具(如有必要,请多次使用),直到你感受到最后一个步骤的能量在带着你向前。不要停下来思考,就让那股能量带着你推进你本想逃避的行动。

第二个提示不那么明显,因为它存在于你的想法中。我们都有一样的坏习惯:当必须做一件非常不喜欢的事时,我们不会采取实际行动,而是会产生如下想法:为什么我必须做呢?我做不了,下周再做吧,诸如此类。面对痛苦,光靠思考无济于事,它只会让你更加想逃避。要让你的思维帮助你掌控痛苦,唯一方式是提醒你自己使用"逆转渴望"这个工具。这就是第二个提示:每当你发现自己在想着可怕的任务时,请不要再想下去,而是马上使用"逆转渴望"这个工具。

这个提示会训练你立刻使用工具。不管离采取行动还有多远，你需要用来激励自己前行的力量只能在当下产生。每当用到第二个提示时，你就是在往无形的银行账户里储蓄，只不过你储蓄的是能量，而不是金钱。最终，你将会积累足够多的能量来采取行动。

文尼有机会检验了这一说法。要彻底改变以前的生活，他就需要做一些事，其中一件就是给那位被他放了鸽子的俱乐部大老板致电。向这位大老板求一份工作已经足够让文尼感到恐惧了，但现在他还得请求大老板原谅他。每次想到"不可能，我做不到"，就是文尼使用"逆转渴望"的提示。两个星期之后，文尼拨打了电话，这让他自己都无比震惊。大老板五天没有回电——这让文尼有机会多用了几百遍提示。

最终，可怕的回电来了，大老板痛斥了文尼一顿。"这是我人生中最漫长的五分钟。"文尼说道。然后，大老板接了另一个打来的电话，让文尼"又等了五分钟"。文尼使用了"逆转渴望"，于是，他"期待"着五分钟后会有更多的谩骂。但刚才的电话刚好是一位喜剧演员打来的，他想要取消当晚的演出，大老板就把这个机会给了"已经被封杀的"文尼。对于这一系列的反转，文尼目瞪口呆，他说："撞大运了，是吧？"

秘密好处：将痛苦转为力量

事实上，文尼根本不是撞大运。我见过太多这样的例子：求询者在前进过程中扎扎实实地付出了努力,突然之间,贵人和机会就都出现了,一路如有神助。

在学到工具之前,我也有过类似的经历。于我而言,律师这份职业带来的声誉和高薪形成了一个镀金的笼子,其实也是一种舒适圈。要使生活再度向前迈进,我就必须离开事务所。我决定成为心理治疗师,但我也明白,我需要四年时间才能完全取得心理治疗师资格。在这期间,我以何为生呢?我没有想太多,只是给很多律师发送了简历,想要找一份兼职工作,但大多数人都拒绝了我。在我已经开始绝望之时,我偶然接到了一位律师的电话,这位"及时雨"和我上的是同一所法学院,他允许我自主选择工作时长,甚至介绍我接触离婚法,我也正是在这个领域开始磨炼我的心理治疗技能的。没有他的帮助,我不可能完成从律师到心理治疗师的成功转型。

在我进入心理治疗领域执业之初,我就确信自己接受的训练中缺失了某样东西。我知道我能为求询者提供很多帮助,但我其实并没有真正做到。我一直不停地寻找能给我指引的人,尽管时有失望,但我决意继续寻找。这种决心将我引至菲尔主讲的研讨会。很明显,对我而言,见到菲尔似乎是一件幸运的事。他从不犹豫地回答我准备好的上千个问题,不像其他人,把我质疑他给出的答案的行为看成对他个人的否定,或者是对我避之唯恐不及。和菲尔聊天就像拥有了一部互动型百科全书,里面有我对人生的所有问题的答案。

这些偶然的相遇和突然出现的机遇如果不是运气,那是什么呢?20世纪的苏格兰探险家W. H. 默里将其描述为:"在一个人下定决心做某件事的那一瞬间，上苍也开始行动了……制造各式各样对其有利的意外事件、偶遇及物质援助，这是连他本人都意想不到的。"

"上苍"一词有些过时了，但用在此处却恰如其分。它意指那些来自某种比你更大的事物的支持和指引。默里所言是说，你向前的行动使你与更加宏大的宇宙运行同步，让你能够利用它提供给你的无数机会。这一不可预见的帮助就是更高动力可以带给你的众多益处之一，正如我们之前讨论过的规则一样：你无法从外部掌控这些更高动力，你必须变得跟它们一样，才能汲取它们产生的能量。

这件事很容易被过度简化。我的一位求询者熬夜无数次、搭上无数个周末做了一份独一无二、颇具创意的计划书，当他终于鼓足勇气呈报给老板时，计划书却被驳回了。他抱怨道："你告诉过我，只要我向前进，整个宇宙都会帮我。"

他的反应表明了现代人误解精神力量的典型心态：人们希望精神力量是可以提前预测并掌控的。是的，向前迈进是一种联结更高动力的有力方式，但那些更高动力终究还是个谜，它们的运作方式通常不能被立刻理解。宇宙不会把你当作一只训练有素的海豹，每当你向前迈进时就会即时奖励你。实际上，相信自己会获得即时奖励的天真想法，不过是另一个版本的舒适圈罢了。

在求询者学习运用更高动力的时候，他们还会遇到另外一件神秘之事：当不好的事情莫名发生时，他们就会感到自己的力量在增长。他们常常会感到愤怒，似乎与更高动力的联结就该使他们奇迹般地远离逆境。

这样的反应其实是一种精神不成熟的表现。真正的成年人，能够接受我们为自己设立的目标和宇宙为我们设立的目标之间存在根本的差异。总的来说，人都希望在外部世界获得成功，比如建立成功的事业，或找到终身伴侣。相比而言，宇宙并不关心我们外在的成功，它的目标是发展我们的内在力量。我们关心外在成就，宇宙则对我们的内在世界感兴趣。

我见识过，人们在身处逆境时能够具备多么令人难以置信的勇气和毅力。我治疗过一位女性求询者，她的丈夫生前掌管着他们家的财务，在他去世后，她面临着从财务入门知识学起的艰巨任务。但仅仅在丈夫去世一年之内，她不仅成功创业，在人际关系中也不再那么被动。我甚至在少年的身上也看到过这种勇气和毅力：一位青春期少女非常依赖她和学校的"社交女王"的友谊，直到有一天，这位"社交女王"突然发了条短信给她，把她甩了："我厌倦了假装和你做朋友。"少女的母亲很担心她无法从这个创伤中走出来，结果，她反而被迫去和其他女孩接触，还发现自己非常受欢迎。她和朋友的情谊也因此更为深厚，她的自尊心也增强了。

你只有逼迫自己穿越逆境，才能找到一股隐藏的内在力量。哲学家尼采有句名言："那无法杀死我的，会让我更加坚强。"他认为逆境有积极的价值，这在当时是新式的理念。

但是，当我对文尼引用尼采的名言时，他翻了个白眼，反驳道："听着，哈佛高才生，我看着傻，但并不笨。我对尼采有所耳闻，他讲话确实讲得很漂亮，但他可不像《夺宝奇兵》里的印第安纳·琼斯那样过着冒险的生活。"文尼说的有道理，尼采实际上是一位离群索居的隐士。

这也并不意外。创造哲学的知识分子很少自问如何将他们的思想应用于现实生活。当你的地下室进水，或者伴侣离家出走时，你不会想到尼采。在这个时候，我们的反应都是一样的："这件事不应该发生在我身上。"

这种反应看似自然，实则愚蠢：你拒绝接受一件已经发生的事，而没有什么比这更浪费时间的了。你抱怨得越多，就越会停滞不前。有一个通俗的词语可以用来形容沉湎于痛苦中的人：受害者。

受害者认为他知道宇宙应当如何运转，一旦没有得到他"应得的"，他就会认为全世界都站在他的对立面。这为他的放弃和退回舒适圈找到了合理的借口。在舒适圈里，他就可以不再努力。

这种时候，不用听哲学原理你也能明白，受害者停止了成长，放弃了变得更强的机会。

尼采的言论听起来似乎是逆境本身使你变得更强大，其实不是。内在力量只有在人们直面逆境并勇往直前的过程中才会产生。

对受害者来说，这是不可能的。他始终纠结于不好的事从一开始就不应该发生，这将他的能量都浪费了。如果他不接受已经发生的事实——不管这会让他多么痛苦——他就不能重新赢得能量。

但是，接受不好的事需要修炼心性，这就是"逆转渴望"发挥作用之处。它绕开你认为事情应该如何的观点，直接给了你一个接受现状的积极方式。这与用它来准备应对未来的痛苦有所不同——虽然使用工具的方法是相同的，但你针对的是过去（即便只是几分钟以前）的痛苦。实际上，你在训练自己渴望那些已经发生的事。

当坏事发生时,你越迅速、越频繁地使用工具,就能越快地从中恢复。对很多人来说,面对逆境的时候不再感到自己像个受害者,这还是人生头一遭。有了"逆转渴望",尼采的观点就成了现实。

至少对程度较轻的逆境是这样,比如交通延误或者复印机故障。你会比想象中恢复得更快,对挫折的忍耐力也会增强。但如果有真的特别可怕的事情发生呢,比如失去了全部生活积蓄,或者孩子去世了?人们还有可能接受这种摧毁自己生活根基的事件吗?或者说做得到的人,是否神志健全?

至少有一个人可以对这个问题做出权威的回答:奥地利知名心理学家维克多·弗兰克尔。他的权威并非源于履历,而是来自令人难以想象的悲惨遭遇。他先后被关押在四所纳粹集中营,在那些地方,他的母亲、父亲、兄弟、妻子一一被杀害,但他拒绝放弃,成了一名集中营医生。在这个岗位上,他拼尽全力帮助集中营战俘保持心理复原力。和他一样,那些战俘都失去了一切,包括活下去的理由。他将自己对苦难的回应进行总结,写进了《活出生命的意义》(*Man's Search for Meaning*)一书。

他的结论令人惊异,他认为,即便在难以形容的艰苦环境下,比如失眠、饥饿,甚至无时无刻不处在死亡威胁中,人们也有机会壮大自己的内在力量。事实上,这也正是纳粹分子无法从战俘身上夺走的。在集中营里,纳粹分子掌控着一切——你的财产、你至亲的生命,以及你自己的生命,但他们不能剥夺你随时随地使自己内心更为强大的决心。

弗兰克尔主张，尽管死亡集中营里的生活暗无天日，但它仍然代表着"机遇和挑战"，"人们可以选择从这些经历中赢得胜利，让生活取得内在的成功，也可以忽略这些机遇，依旧单调乏味地活着"。"正是这种异常艰难的外部环境赋予了人们在精神上不断成长、超越自我的机会。"有时候，这种内在的精神力量能够使不那么强壮的战俘比身强体壮的战俘更容易熬过集中营的生活。

弗兰克尔肯定了我们在上文中提到的，无论你在外部世界的目标是什么，生活自有它为你准备的目标。如果这二者之间产生矛盾，通常生活会获胜。用他的话来说就是："我们对生活有什么期待并不重要，重要的是生活对我们有何期待。"你必须明白生活对你的要求是什么，它可能很简单，也许是有尊严地承受苦难，也许是为他人做出牺牲，也许是再多坚持一天、不向绝望低头，然后勇敢地迎接挑战。

这种方式发展出了当今外向型社会最缺乏的"内在伟大"。我们习惯于将"伟大"与在外部世界中获得了权势或名气的人联系在一起，比如拿破仑或爱迪生，却并不重视无论门第高低，任何人都能培养出的"内在伟大"。而恰恰只有"内在伟大"才能为我们的生活带来意义，没有它，社会就只是一个毫无意义的空壳。

对外部成功的推崇滋生了一种仅仅关注自我目标的自私心态。然而，只有当生活使你的目标变得不可能实现时，内在伟大才会发展壮大。你将面临内心的挣扎，使你自己制订的计划与生活给予你的设定达成和解。从最为积极的意义来说，你迫使自己变得无私，将人生奉献给高于你自身的事物。弗兰克尔的书记录了他在最为极端的环境下取得的胜利。他真正的伟大之处在于从惨无人道的集中营里寻找生命的意义，而不是之后成为一名成功的精神病学家。

恐惧和勇气

"逆转渴望"能为你做的最后一件事也许才是最重要的，它会让你产生勇气。传统的心理治疗不会直接满足求询者对勇气的需要，这让我很困惑，我的每一位求询者其实都无比渴望勇气。但和其他人一样，心理治疗师也将勇气看作一股仅存在于战胜了恐惧的英雄身上的神秘力量，而不是人类心理学需要探讨的议题。

英雄只存在于电影里，真正的勇气往往也会出现在和我们有着相同恐惧的普通人身上。通常情况下，他们展现勇气的方式成谜，连他们本人都不知道自己是怎么做到的。

菲尔没有把勇气看作一种神秘力量，他以一种使任何人都能获得勇气的方式定义它：勇气是面对恐惧时采取行动的能力。对大多数人来说，勇气之所以看上去遥不可及，原因在于我们经历恐惧的方式。

恐惧几乎总是与你对未来将会发生的糟糕之事的预感相联系：我如果大胆直言，就会被解雇；我如果自主创业，就会破产。你对未来的印象越是固化，你就越会失去勇气，总想着在确定这些坏事不会发生之前，不能采取任何行动。但这些事会不会发生，显然是不可能确定的。

不得不承认，我们的整个文化建立在"未来是可以确定的"这一谎言之上：上对学校、吃对食物、买对股票，你的未来就有保障了。要培养勇气，你就必须抛弃这种对未来确定性的幻想。

这使你可以专注当下，你也的确只有在当下才能找到行动的勇气。遇到菲尔之前，我看到过"活在当下"的说法，但一直认为这只是新时代的陈词滥调罢了。当他教了我一种实实在在的、一步一步驾驭当下力量的方式时，我重新思考了这个说法。

第一步，学着在经历恐惧时不去想未来可能发生的可怕事件。将你的意识集中在当下关于恐惧的感受上。当你把恐惧感与对未来事物的害怕截然分开时，恐惧就变成了一种你可以用来"逆转渴望"的痛苦。

工具发挥作用的方式和你之前使用它的方式一模一样。你可以用"恐惧"一词替代"痛苦"，或者记住恐惧就是一种痛苦。不管用哪一种方式，"逆转渴望"产生的能量都会让你采取行动。多加练习，你就会意识到，你惧怕什么并不重要，每一个出现恐惧的具体事例都可以用同样的方式处理。

如果你觉得"渴望恐惧"似乎很疯狂，请记住，你渴望的并不是糟糕的事件本身，而只是它带来的恐惧感。这是个悖论：只有当你渴望恐惧时，你才能在它面前采取行动——这也是勇气的组成部分。

但你无法存住勇气。恐惧很快就会带着对未来将会发生的糟糕之事的预感再次光临，把你带离现实。如果你真的想要勇敢地生活，在感到恐惧的瞬间，你就要用"逆转渴望"来调节自己。你会惊讶地发现，当这个行为变成了条件反射，而且你再也不去想未来会发生什么时，你就会表现得比平生任何时候都要勇敢。

菲尔把这称为"奋力重回现实"的过程。活在当下并不是一种神秘的被动状态，而是一个需要努力的积极过程，其目标在于能够自在地与恐惧相处，这样你就可以采取行动。你如果想要超人似的大无畏精神，大可以经常去看电影。

常见问题

问题一：你可能会说，每当我在做、在想一些自己想要逃避的事时，每当坏事发生时，我都应该使用"逆转渴望"这项工具。但我生活中已经有很多其他的事了，你怎么还能指望我做到这一切呢？

本书展示的所有工具都需要你付出很多努力。在某一刻，你很可能会觉得这些事太多了，有时候我们也会觉得，使用工具给我们带来的负担太过沉重。

请记住，我们的整体文化是希望用最少的努力换取最大的成果，我们将在第六章用整章的篇幅探讨这个话题。现在，先来理解一个关于工具的奇怪悖论，它将对你有所帮助：即便工具在一开始的时候会消耗你的能量，但从长远来看，它们会增加你的能量。所以，看起来像是我们在要求你做更多的事，那是因为我们已经看到了结果：当你使用工具的时候，你的人生就会变得更加容易。

如果你能诚实面对自己，你会看到，没有"逆转渴望"的帮助，你会被困在舒适圈里，能量也随之消失。不管使用工具有多难，你都将在离开这个困顿状态时获得十倍以上的回报。使用工具吧，看看你自己的感觉变得有多好。

另外,使用一个工具只需要花三秒钟。如果你一天使用二十遍,也才需要一分钟。如果能从中获得难以置信的积极的结果,你一定会觉得这件事很划算。

问题二:我遵循了"逆转渴望"的使用说明,但什么也没有感觉到。

学习使用工具就像学习其他任何一项技能,需要时间才能熟练掌握。你总不可能指望第一次拿起小提琴就知道如何演奏它。

我们的社会氛围总是追求立竿见影,一旦没有马上取得成效,我们就想要放弃。而最想要放弃的时刻,却恰恰是最重要、最不能放弃的时刻。事实上,你应该在最怀疑"逆转渴望"的时刻使用它——倒不是要证明这个工具的有效性,而是要培养正确的态度:"如果没有马上见效,那我就更应该多使用这个工具。"这样的决心会让你在一段时间之内真正成为工具的践行者。如果这样的努力都无法赋予你力量,那你就可以不用再使用工具了,因为至少你已经给过它一个公平的机会,你尽力了。

问题三:工具是否会给我带来不好的事情?

这是最常见的对"逆转渴望"的反对意见,但也是最容易反驳的。试想一下,一个是使用"逆转渴望"直面痛苦的人,另一个是明知有场能够改变命运的会议却不参加的人,谁才会给自己带来不好的事情?

然而，人们还是担心，如果渴望负面情形，工具可能真的会导致这种情形发生。

这种反对意见其实基于误解。工具只是训练你渴望你将其与特定事件建立联结的痛苦感受，并非事件本身。这也就是为什么工具的使用说明指引你"忘记具体的情形，专注于痛苦本身"。这样做的目的是解放你自己。要说有什么影响未来的关键因素，那就是大胆的行动。

相信你当下的想法可以直接决定未来的事件，这也许令人欣慰，但我们观察到，越是热切相信这件事的求询者，越回避采取行动。

问题四：我受够了生活中的痛苦，什么时候才是个头？

人们本能地认为自己知道苦难何时会到头，并希望以此摆脱正在遭遇的麻烦，但生活其实不是这样的。你的未来可能会有许多积极的事物，比如欢愉和满足，但生活从来不会使你免受痛苦，这是不可避免的。一旦接受了这个事实，你就不会一味地追求痛苦的终结，而是增强对痛苦的容忍度——这也正是"逆转渴望"将会帮助你实现的。

这将会使你用更加积极的方式看待痛苦。痛苦是宇宙要求你继续学习的一种方式。你能承受的痛苦越多，你能学到的东西就越多。在本章，你学到的就是如何在逆境中勇往直前。每一件痛苦的事都是训练计划的一部分，只有接受这个事实，你才能充分发掘自身的潜力。一旦用这种方式看待生活，你就不会追求痛苦的终结，因为这无异于要求终结你自己的成长。

问题五：渴望痛苦难道不是受虐狂吗？

这取决于痛苦的种类。痛苦有两种：必要的和不必要的。必要的痛苦是想实现目标的人必须承受的。比如，如果你是一名销售员，被拒绝就是必要的痛苦；不必要的痛苦不是你前进旅途中的组成部分，它的真实目的在于困住你——这才是通常所说的"受虐倾向"。受虐狂在自己的掌控下向自身施加痛苦，并且以同样的方式一遍又一遍重复，这实际上是在利用自主选择的痛苦所带来的可预知的熟悉感，来确保自己待在舒适圈里。

问题六：为什么我应该使用这项工具？我在生活中并没有感受到任何痛苦或恐惧。

有的求询者一本正经地这么说，其实他们有时候是在撒谎。他们认为，承认自己受伤或害怕是软弱的表现。要让他们相信，承认并克服这种感觉比否定它们更令人显得坚强，通常需要花点儿时间。

但另一部分人则没有撒谎，他们确实感受不到痛苦或恐惧。很不幸，这是因为他们深深地沉溺于舒适圈中，接触不到舒适圈之外充满可能性的世界。这类人在内心深处其实比普通人更为恐惧，他们处理恐惧的方式就是否认自己对生活有更多的期待。

对这类人，我们要试着让他们确认新的目标。这可能会很难，但每个人都能找到他们可能想要但没有的某样东西。当我们要求他们想象达成目标所要经历的具体步骤时，至少有一步会吓退他们，那会儿他们就得被迫承认，他们原本在回避痛苦。此时他们并不知道，承认这件事是他们回到现实生活的第一步。

问题七：我知道有些人总是勇往直前，但我不想成为那样的人，因为他们从来没有放松过，从来没有忙里偷闲地享受过生活。

这种过度活跃的表现并非真正意义上的勇往直前，它其实只是另一种形式的逃避。这样做的人实际上是在通过众多的事务来分散他们对恐惧、脆弱、失败感等内心活动的注意力。结果就是他们永远无法放松，好像总是听到背后的脚步声，总是不能停止奔跑。

勇往直前对每个人的意义都不同，"逆转渴望"则给了你力量，让你直面你正在逃避的事物，它可能是一种外部情形，也可能是让你感到不适的内在情绪。

我们发现，那些不逃避的人事实上能够比其他人更好地休息和放松。你只有直面你害怕的内在或外在事物时，你的精神才可能放松。不逃避的人更不容易被这个世界吓退，也更容易从他们自身的努力中获得满足，这也就使得他们更不容易产生担忧和焦虑的情绪。所以，该放松的时候，他们就能让自己的精神放空，而不会被自己逃避的事物困扰。

"逆转渴望"的其他用途

"逆转渴望"能扩大你的专业领域和社交圈。我们都认识一些我们想要与其建立联系，却又不敢上前主动接触的人。你如果对自己足够诚实，就会自问是否达到了他们的水平。与不具威胁性的人交往会更容易一些。但其实，这是一种逃避的形式，会让你无法尽情而充实地生活。

玛丽莲是一位30多岁的独身女性，魅力十足。她身后总有一群追求者，但没有一个能让她满意——真正的问题在于她如何看待男人的世界。玛丽莲把男人分成A组和B组。她从来没有和在她眼里更成功、更具魅力的A组男士约会过，因为每当被介绍给这类男士时，她总会表现得很冷淡。而在内心深处，她其实是被他们吓到了，所以不想让他们约她出去。真正和她约会过的男士都在B组。虽然她总抱怨他们的缺点，但他们代表了她的舒适圈。然而只要和他们约会，她就不可能找到真正让她感兴趣的人。因此，每当身边有A组男士出现的时候，她都不得不使用"逆转渴望"来缓解焦虑情绪。最终，她终于能够落落大方地向他们敞开心扉。

"逆转渴望"使你能够树立威望。作为一名领导者，无论你是一个部门、一家企业还是一个家庭的领导，其中最困难的一件事就是你不得不做出一些让人不满的决定，这就是所谓的"高处不胜寒"。一个高效的领导者能够容忍别人的不悦。

伊丽莎白是一名大学教授，刚刚被任命为系主任。尽管她在其研究领域全国闻名，但她依然平易近人、谦虚谨慎。她自然而然地把每个人都当作朋友对待，所有人，包括学生、教授，甚至保洁人员都喜欢她。不过，一旦当上了系主任，这种情形就不复存在了。她必须在教学任务、课程安排、休假申请和工作纪律等文件上签字，每个决定都会使一些人不高兴。这让她感到非常不舒服，她索性推迟决策，直至整个部门陷入混乱。为了保住工作，她知道必须强迫自己做出不受欢迎的决定。她开始利用"逆转渴望"来应对不受人喜爱所带来的痛苦。如此一来，她不再寻求成为每个人的朋友，而是成为一名高效的领导者。

她逐渐意识到，每段人际关系中都存在领导力方面的问题，她身边的人需要她时时作为一名领导者，就像他们需要她作为朋友一样。最后，她所有的人际关系都得到了改善。相识多年的朋友和同事都喜欢她做出的清晰而明确的决策，他们的回应也给予了她前所未有的信心。甚至，她教育孩子的方式也得到了改善：现在，她能够为青春期的女儿设定限制，她们之间的交流也更加坦诚，这让她们两人都轻松了不少。

"逆转渴望"可以克服恐惧症。恐惧症是对某些东西（比如蜘蛛或狭小的空间）的非理性恐惧或厌恶，它会让生活中的某些部分脱离你的掌控。即便这种症状较为轻微，它也仍然会干扰你的工作和人际关系。工具会使你有勇气置身于高度焦虑的环境下，生命之门也就可以再次敞开。

迈克尔是一名工程师，由于工作需要，他不得不到全国各地出差。不幸的是，他对飞行产生了恐惧，这可能终结他的事业。每当乘务员关上客舱门时，他就会呼吸急促、胸口紧绷。通常，这种情形会演变为剧烈的恐慌症，他会认为自己这次死定了。即使在家，哪怕只是一个关于坐飞机的念头，都会让他充满预期性焦虑。他用尽了能想到的借口来逃避出差，最后，因为他的问题太明显，老板终于看出来了。此后，通过不断在感到害怕时使用"逆转渴望"，他最终克服了飞行恐惧症，恐惧再也无法阻碍他了。

"逆转渴望"可以培养需要严格的长期投入的技能。在任何一个领域，成功者和失败者最大的区别在于他们付出努力的程度。大多数人都愿意有所投入，但在实践中，投入会经历一系列无穷无尽的微小痛苦。当一个人无法应对这种痛苦时，他投入的意志就会瓦解。

杰弗里是一名巡逻警察，但这不是他想做的工作。在从大学辍学之前，他主修英语，擅长写作，但他知道自己从来没有充分发挥过写作的潜力。"我的点子都很好，我只是不确定我能否把它们转化成文字。"这其实与他的能力无关。他采用了一种简单的办法：下班后在酒吧里给同事们讲故事。因为喝了酒，这对他来说特别容易。但是，将故事诉诸笔端要求更高程度的投入。一路走来的每一步都很痛苦，最痛苦的是写作所需的高度专注。专注要求暂时进行自我封闭，将注意力集中在一件事上。对我们中的大多数人来说，这种努力是极为痛苦的，对杰弗里来说同样如此。通过使用"逆转渴望"来面对这种痛苦，杰弗里如今能够为他的写作投入时间和精力——这才是他真正想做的事。

"逆转渴望"让你对从小就接触的家庭动态有新的看法。挑选一些你从小就习惯性逃避的东西。想想你所要避免的痛苦，其具体性质是什么？现在，闭上眼睛，把自己当作那个孩子，对那份痛苦使用"逆转渴望"。想象一下，你还是个孩子，日复一日，年复一年，每当想要避免痛苦的时候，你都会自动地使用这个工具。看看你能否感觉到如今的生活可能会有何不同——不是外部环境,而是你自己的内心。你会感觉自己有什么不同?

从小,每当朱厄妮塔做了母亲不喜欢的事时,母亲都会对她表示失望。因为害怕这种不喜欢,朱厄妮塔便不愿意分享可能会让母亲失望的事情。因此,母亲从未真正了解过她。通过上面的练习,朱厄妮塔看到,如果克服了暴露真实自我的痛苦,她就不会再隐藏自己的某些方面。反过来,这会给母亲一个接受她的好机会,并让母亲释放对她方方面面的真挚爱意。

"逆转渴望"概要

一、这项工具的用途是什么?

当你必须做一件你一直逃避的事时,请使用这项工具。人们都会避免做对自己来说最痛苦的事,而宁愿生活在一个严重限制我们从生活中有所收获的舒适圈里。这项工具可以让你直面痛苦、采取行动,帮助你的人生再次前进。

二、你要对抗的是什么?

避免痛苦是一种强大的习惯。当推迟某些令人痛苦的事情时,你会立即得到解脱,相应的惩罚——对浪费生命感到无奈的悔恨——直至遥远的未来才会到来。这就是为什么大多数人都无法向前迈进,过充实的生活。

三、使用这项工具的提示

1. 第一个提示出现在你不得不做一些让你感到不舒服、恐惧或让你抵触的事情时。在你行动之前就使用这项工具。
2. 第二个提示出现在你想到要做某些痛苦或困难的事情时。如果一有这些想法就使用这项工具,你就会培养出一股力量,它允许你在时机成熟时采取行动。

四、工具的具体使用方法

1. 专注于你正在逃避的痛苦,把它看作出现在你面前的一朵云,在内心默默地朝它呐喊"放马过来吧",去索求那份痛苦。你想要它,是因为它有很大的价值。

2. 在前进的过程中，无声地呐喊："我爱痛苦！"深入痛苦，与它融为一体。

3. 感受那朵云将你吐了出来，并在你身后合上了。在内心对自己说："痛苦让我自由！"当你离开那朵云时，感受你被向前推入了一个闪耀着纯粹之光的国度。

五、你正在使用的更高动力

驱动所有生命的更高动力在永无止境的向前行进中得以展现，联结这股动力的唯一方法就是你自己也向前行进。但要做到这一点，你必须面对痛苦，并能够超越它。"逆转渴望"可以让你做到。一旦这项工具将你与"前进的动力"联结起来，这个世界就不再那么可怕，你的能量将变得更加强大，未来也仿佛更有希望。

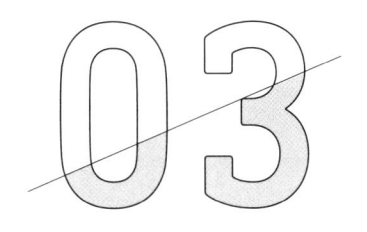

03

工具二：
积极的爱

当有人激怒了你，情绪在你脑中挥之不去时，请使用这项工具。

你可能会反复回想对方做了什么，或者幻想着报复，这就是迷宫——它让你的生活停滞不前，而世界却在没有你的情况下继续前进了。

这是我与阿曼达的第一次见面。她20多岁,是一名雄心勃勃、衣着讲究的女性,气势汹汹地走进我的办公室。她和男友之间存在问题,需要立即解决。"当时我们在一个派对上,他整晚都没有看我,也没和我说话,而是一直躲在一个舒适的小角落里,和一个在百货公司卖化妆品的专柜小姐调情。他难道以为做了这种事还可以逃脱我的惩罚吗?"她轻蔑地厉声说道。

突然,阿曼达的手机响了起来,铃声是"Someone Like You"。她掏出手机大声喝道:"现在不方便,在开会。"然后,她毫不犹豫地转向我,继续说道:"我解释一下,我正在创办一家设计和生产高端女装的公司,目前正处于'不成功便成仁'的关键阶段,要么能赚很多钱,要么我就得回去当服务员。"她高傲地说,"每天晚上我们都要去和潜在的赞助商会面。布莱克——就是我男友——知道他必须来,他的任务就是帮我撑场面,而不是跟某个女人鬼混来羞辱我!"

当开始探索他们之间的关系时,我很快便惊讶地发现,布莱克在很多方面都堪称阿曼达的完美伴侣。他英俊优雅，在公众面前"表现"出色。因为不是时尚圈的人（他是一名医学研究人员），他的自我认识与她的事业毫无关联。但面对她喜怒无常、独断专横的作风，他显得很有风度。事实上，他非常符合她的需求，所以，在她的坚持下，他们认识不久便住在了一起。

"听起来，这段关系还是非常值得的。"我大胆地说。

"当然。这段关系比我以往任何一段关系都长。"

"真的吗？你们在一起多久了？"

"四个月。"我开始大笑，然后意识到她不是在开玩笑。她自我辩解道："在时尚圈里，谈恋爱不容易。"

其实，问题不是出在这个行业，而在于阿曼达。她像指挥军队的巴顿将军一样气势汹汹冲进我办公室，这种做派必然会在恋爱中遇到麻烦。很遗憾，她没有意识到这一点。

我尽量轻声细语地说："你有没有发现，你的恋爱关系一直重复着一种模式，才导致它们结束得如此之快？"

"我不在乎模式。"阿曼达气冲冲地说，"我的朋友在你这里求询，他向我保证，说你不会浪费时间谈论过去。我只需要你帮我控制住我的男友。"

我试着继续保持微笑："我可以帮助你，但不是通过控制任何人……我们暂时把这件事放在一边，你说说接下来发生了什么？"

那天晚上，在离开派对的车上，阿曼达痛骂了布莱克一顿，就像是在训斥地位低下的仆人一般。但这一次，布莱克没有选择服从，而是礼貌地反驳她："参加这些无聊的活动对我来说已经是一种牺牲了，我去参加只是因为你想要我参加。这是我第一次在我们的关系中挣脱了你的束缚，玩得很开心，而你却要痛骂我一顿？"

阿曼达呆住了。接下来的时间，车里一片寂静，但她却怒火中烧。她一次又一次地想，他怎么可以这样对她。她反复告诉自己："我为了我们俩拼尽全力，在一个最为高压的行业创业，他在这件事上就不能让让我这个女人吗？"她开始幻想复仇的场景，想象自己和一个认识的杂志模特上床，刚好在高潮的时候被布莱克发现。当他们回到家时，她已经筋疲力尽了，但思绪仍在翻涌，就好像它们有了自己的生命一般。她彻夜未眠，心神不宁。

第二天早上，布莱克尽其所能，想让氛围轻松一些。他准备了床上早餐，还有一捧鲜花，想给阿曼达一个惊喜。但阿曼达并不领情，她不和他说话，甚至连看都不看他一眼。如果说有什么不同，那就是前一晚的仇恨情绪在此时更加强烈了，现在还加上了一连串他的不完美之处，甚至小到他清嗓子的方式，她都觉得有问题。这一切开始让她产生了生理反应。"当他靠近我的时候，我会很不舒服，浑身起鸡皮疙瘩，我没法儿忍受与他共处一室。"

"你对其他男友有没有产生过这样的极端反应呢？"我问道。

她抬起头说："只有当他们活该如此的时候。"

"这种情况有多频繁？"

阿曼达突然失声痛哭。原来，她的每段感情都是这样结束的。他们会和布莱克一样，做一些让她彻底爆发的事。她耸耸肩："在那之后我就无法再爱那个人了。我的朋友称之为'不归点'。"

迷宫

布莱克当时的所作所为的确很伤人，他甚至也许是故意的，但每对伴侣之间都会发生这样的事。在一段健康的关系中，像这样的事情是可以解决的。真正的问题在于阿曼达的反应——她令自己退到了一个无法原谅他人的状态中，这使她不可能与布莱克和解。从那时起，破坏他们感情的便不再是布莱克，而是阿曼达。她一次又一次地这样做，即使是最包容她的男人，最后也都被逼走了。

阿曼达进入的状态和别人不同。其他人会爆发或进入进攻模式，而她却退缩了。但根本的问题是一样的：你被困在伤害和愤怒中，无法继续前进。

只要遇到相应的刺激，每个人都会进入这种状态，那些认为自己冷静和理性的人也是如此。这种刺激可能由你身边亲近的人触发，一个眼神或者一种负面的语气就会伤害到你，但它也可能仅仅是邻居家发出的吵闹的音乐声，或者只是朋友的不同政见。

我们将这种状态称为"迷宫"。之所以称之为迷宫，是因为你陷得越深，就越难逃脱。让你"受委屈"的人会一直困扰着你，就好像他们在你的脑海中占据了一席之地，而你却无法把他们赶出来。你诅咒他们，和他们争吵，密谋着你的复仇计划。在这种状态下，对方便成为你的狱卒，把你困在由不断重复的念头组成的迷宫里。

现在，花点儿时间选择一个能触发你这种状态的人，然后尝试下面的练习：

> 闭上眼睛，想象那个人正在挑衅你。反应强烈一点儿，仿佛这个状况真的发生了。你在想什么？你有什么样的感觉？提醒自己注意，这是一种截然不同的心态。

你这样做也许情有可原，但这并不重要。

一旦陷入迷宫，你就是在伤害自己。对阿曼达来说，她的个人生活受到的损害是显而易见的。如果不能从与男友在派对上发生的小矛盾中走出来，她就不可能解决每段亲密关系中不可避免的更大问题。这就是为什么她的恋爱都结束得很快。她如果连第一次大吵都熬不过去，又如何能与对方结婚生子呢？

然而，不只对婚姻，迷宫对所有的人际关系都是一种威胁，因为它歪曲了你对别人的看法。当身处迷宫时，你真的会忘记对方所有的好，满脑子想的都是他犯下的错误。客观地说，布莱克是阿曼达遇到过的最好的男人之一。但是，一旦她陷入迷宫，他就变得一无是处，甚至他清嗓子的方式都让她想尖叫。

这种偏颇的观点也破坏了她工作中的一些人际关系。有家高档百货商店的采购员对阿曼达的服装系列很感兴趣，但她却在这位采购员面前发了脾气。作为报复，他向她最大的竞争对手下了订单。阿曼达脑海中立刻浮现在小餐厅里清点小费的焦虑景象——回去当服务员比死还惨。所以，在过去的几个月里，她一直在认错，为了挽回这位客户，她还提供了不少优惠条件。同样，这个损害也是她自己造成的。

迷宫不仅会损害你与他人的关系，也会损害你与生命之间的关系。当你深陷迷宫之中时，生命就会悄无声息地流失。

人们犯下的大多数错误都不会造成持久的伤害，你如果肯放下最初的伤痛，便可以立即继续生活。但如果你没有放下，而是一再纠结于过去发生在你身上的事，那么你就背弃了自己的未来。

一个典型的例子就是很多成年人仍然责怪父母毁了自己的人生。他们早早就进入了迷宫，再也没有出来过，相当于给自己找了一个现成的借口，一遇到困难就立刻放弃。写不出书，是因为父母从未认可自己的才华；拒绝约会，则将自己的腼腆归咎于对其漠不关心的父亲。

这些都是迷宫如何伤害你的一生的例子，还有一些产生短期影响的例子。阿曼达是她一位朋友的女儿的干妈。有一次，她和这位朋友之间的一点儿分歧使她深陷迷宫。像往常一样，阿曼达切断了与这位朋友的一切联系。结果，几个月之后，她发现她错过了干女儿的一岁生日。"这件事我会后悔一辈子。"她说。

作为一名心理治疗师，我目睹了迷宫让人付出的代价：无数的时间被浪费，大量的机会被扼杀，大段的人生被错过。

迷宫最令人沮丧的是，即使有人能看出它所造成的损失，他们仍然发现自己不可能逃脱迷宫，阿曼达也不例外。几次咨询之后，阿曼达意识到她才是自己最大的敌人，但这种认识并没有帮助她重新掌控自己的理智。愤怒、复仇的幻想和受伤的感情都像是有了一股自己的力量。"我已经到了无法再忍受自己想法的地步。我可以暂时让它们停下来，但过会儿我又会想起布莱克指责我控制欲太强，一切就又重新开始了。"

公平

为什么逃离迷宫这么难？

我们之所以会被困住，是因为人类普遍期待受到公平的对待。人人都抱有这样一个幼稚的假设：如果我表现得好，世界就会对我好。但我们应该很清楚，世界每天都在违反这一假设，比如有人在高速上别你的车，有位顾客对你很不礼貌，等等。尽管有这么多压倒性的证据，但我们仍然坚持那么幼稚的观点。

只要你仍然坚持认为应该被生活公平地对待，那么一旦有人对你不好时，你就会要求正义的天平立即恢复平衡。你会固执己见、拒绝让步，直到重新获得公平的待遇。这就是为什么迷宫几乎总是包含着复仇或恢复原状的幻想——你会一直徒劳无功地试图在你的世界里恢复公平。

大多数时候，你没有意识到自己期望被人们公平对待的想法。但这个期望就隐藏在幕后。这意味着，任何时候你都站在迷宫口，随时准备好被迷宫吞没。只要出现任何一点儿不公平，你还来不及想就会被困住，无法脱身。

更高动力：流溢之爱

要放弃对公平的幼稚期望并不容易。根据我的经验，只有当你感觉到比公平更大、更美好、更强有力的东西时，你才会停止等待公平的出现。当我第一次偶然体验到这一点的时候，我还是个小孩子。

那时我大概5岁，父母带着姐姐和我去玩雪，这本该让住在阳光明媚的南加州的我兴奋才对，但不知何故，在去往滑雪场的路上，我的父亲伤害了我的感情。我不记得具体发生了什么事，只记得当时自己走入了迷宫。我坐在父亲身后的后排座上，用双眼的怒火在他的后脑勺上烧了好几个洞。我希望他受到一切可能的折磨。如果憎恨的情绪易燃，那他的头早就爆炸了。

当我们到达雪场时，我的家人一一下车，但我拒绝让步。我双臂交叉在胸前，坐在那里。我的母亲试着温和地劝说我；我的姐姐坐着雪橇从山坡上滑下去好几次，然后回来告诉我那有多好玩；我的父亲想方设法引诱我下车。但他们越想说服我，我就越不肯下车。

最后，他们放弃了。就在那时，最不可思议的事情发生了。我瞥了一眼车窗外，看到一只迷路的小狗在停车场里四处嗅来嗅去，瑟瑟发抖。还来不及思考，我就打开了车门，冲出去把它抱在怀里，将它带回了温暖的车里。它舔了舔我的脸，突然间，一切都变了。我对那只无助的、吓坏了的小狗充满了爱，我感到自己的心扉被打开了，心胸宽阔了。一切都变得如此不同，就好像宇宙突然找到了它的轴心。我不恨父亲，我爱他，甚至想变得和他一样：是他教会了我保护动物。我身上那种执拗的、暴躁的、讨厌的感觉也不复存在了。我觉得自己更成熟了，好像比那些幼稚的小孩都要厉害。

我冲下车去呼唤父亲，他来了，帮我找到了小狗的主人，还告诉我他是多么为我骄傲。我现在仍然惊讶于这一切突如其来的改变。当我坐着雪橇下山时，家人们都为我欢呼。我一边哭一边笑，觉得自己好像经历了一次越狱。回家的路上，我有说有笑，甚至还以口齿不清的 5 岁孩子的方式，为自己之前的不当行为道了歉。

即便当时还是个孩子，我仍然感觉到了那件事不仅仅关乎我对小狗的爱。我体验到了一种势不可当的更高动力，它强大到把我带出了迷宫，超越了我那些微不足道的受伤害的感觉和倔强的愤怒。我感觉自己对每一件事物、每一个人都充满爱的强大浪潮，它给了我力量，让我战胜了受伤的自尊和愤怒的情绪。

我体验到了某种与我们通常所说的"爱"完全不同的事物。大多数人想到的爱是较低层次的，只有在对方取悦你的时候，你才能感受到这种爱。比如，当你的孩子对你露出崇敬的微笑时，你会感受到这种爱；当你的伴侣看起来特别迷人时，你会感受到这种爱。这种形式的爱是脆弱的，因为它是对外部环境的反应。

走出迷宫的诀窍是产生一种独立于你当下反应的爱。毕竟，一开始就是你的当下反应把你送进迷宫的。

这就是我 5 岁时的经历。这次经历比我的个人反应，甚至比我本人更宏大，这就是更高层次的爱。我们给这种爱起了个名字——"流溢之爱"。

"流溢之爱"是一种无限的精神力量，它本身是不受约束的。它就像阳光一样，均匀地照耀着每件事物和每个人。感受到这股力量的那一刻，你就超越了微不足道的个人伤痛。你不再需要从伤害你的人那里得到补救，因为"流溢之爱"本身就是一种奖励。与公平不同的是，这是一种真正有价值的奖励，它让你的人生得以继续。

请弄清楚一点：利用"流溢之爱"并不意味着在错误行为面前屈服或被动接受。我们不是要你听天由命、任人欺负。"流溢之爱"改变了你的内心状态，体现在外在上，就是你可以以任何你想要的方式做出反应。事实上，你会发现，通过利用这股更高动力，如果你选择对抗某人，你就可以随心所欲地变得更具攻击性。但如果你还在迷宫中，你就仍然会对那个对你不太好的人有所求，这样一来就会赋予这个人继续恫吓你的力量。在"流溢之爱"中，你与一种更高动力联结，你不会再害怕任何人。

工具：积极的爱

把"流溢之爱"想象成一股拥有充沛能量、将自己奉献给世界的强大浪潮。尽管它时时刻刻围绕着你，但只有当你自己也处于付出的状态时，你才能察觉它。你必须与之保持同步，就像冲浪者必须和他想要驾驭的浪潮保持同步。当你发自内心地付出时，就像冲浪者奋勇向前、劈波斩浪一般，你也会被"流溢之爱"裹挟着前行。

获得这种力量的秘诀就在于将自己放到那种状态中，无论何时都可以，特别是当你感到非常受伤或愤怒，认为自己不可能进入那种状态时。在那些时刻，你不能被动地等待某样事物去打开你的心扉，就像我在5岁时遇到的那只小狗一样。当有人让你受委屈时，你必须有意识地努力去爱，尽管大多数人都会觉得这有些不合常理。我们像孩子一样期待爱来得毫不费力，但精神成熟的其中一个标志就是理解要付出才能换回真正的爱。

对大多数人来说，在爱这件事上下功夫是不太自然的，所以我们需要一项工具。这项工具被称为"积极的爱"，因为它将"爱"和"主动付出"结合了起来。当你使用这项工具时，你的付出会让你从内心深处流淌出一股爱的涓涓细流，使你与更为宏大的"流溢之爱"同步。

当有人煽动、激怒或者挑衅你进入迷宫时，你应该使用"积极的爱"，这是一种汲取"流溢之爱"的可靠方式。这样，你就有力量让自己在任何情况下逃离迷宫，没有人能暂停你的人生。

在尝试使用这项工具之前，请先阅读下文，这项工具的使用包含三个步骤。

"积极的爱"使用方法

1. 想象你被一束温暖的、流动的、充满无限的爱的光芒包围着。感觉你的心扩展到远远超出你的身体，与这份爱合而为一。当你让自己的心恢复到正常大小时，这种无限的能量就会集中在你的胸腔里。这是一股无法阻挡的爱的力量，它想要将自己释放出去。

2. 把注意力集中在引发你愤怒的人身上。如果他们本人不在你面前（通常不在），那么就想象他们的存在。把你胸中所有的爱都送给他们，不要有所保留，就像深深呼出一口气一样。

3. 当爱离开你的胸腔时，请跟随它。不要只是看着它进入他人的内心，而要去感受它的进入。这会给你一种与他人完全融为一体的感觉。现在，放轻松，你会再次感受到自己被无限的爱包围着，它会把你付出的所有能量都归还给你，你会感到充实和安宁。

每个步骤都有一个便于你记忆的名字。

第一步叫作"集中"。你收集了所有环绕在你周围的爱，将其集中在你心里——这是唯一可以找到爱并留住爱的器官。

第二步叫作"传送"。在这一步，你的心就像一根导管，将爱从更高的地方传送到这个世界。

这项工具真正的力量在于第三步，也就是"渗透"。当感觉你传送的爱进入了他人体内时，你就会产生一种"完全接纳"的感受，这种感受只有在体验到与他人"融为一体"时才会出现。这是你的胜利，因为你完全接受了不公平，并自由地向前迈进。带着这股新的力量，没人能将你送入迷宫，也没人能阻止你前行。

这种不受他人影响的能力，甚至适用于你不知道对方是谁的情况。典型的例子就是有人在高速路上别你的车，而你不知道对方是谁。它也同样适用于整个组织机构，比如邮局或机动车辆管理局。这项工具的优势在于，你不需要知道自己在生谁的气，你是在为你自己使用这项工具。如果你必须想象这个人是谁或者长什么样子，也无损于这项工具所蕴含的力量，你可能发现自己自然而然地就做到了。使用的关键是你要有个对象——不管是真实存在的还是想象出来的——然后向这个对象倾注你的爱。正是这个行为使你自由。

现在，你知道了这项工具，那么每当你受了委屈时，你就有了选择：你可以什么都不做，任凭自己掉入迷宫，被过去的事情牵绊，你的生命也随之流失；你可以使用"积极的爱"，让自己与"流溢之爱"合二为一，然后继续你的人生。在遭遇不公平待遇之初，我们总会震惊不已，全然忘记了我们还有选择的余地。图 3.1 会帮助你记忆。

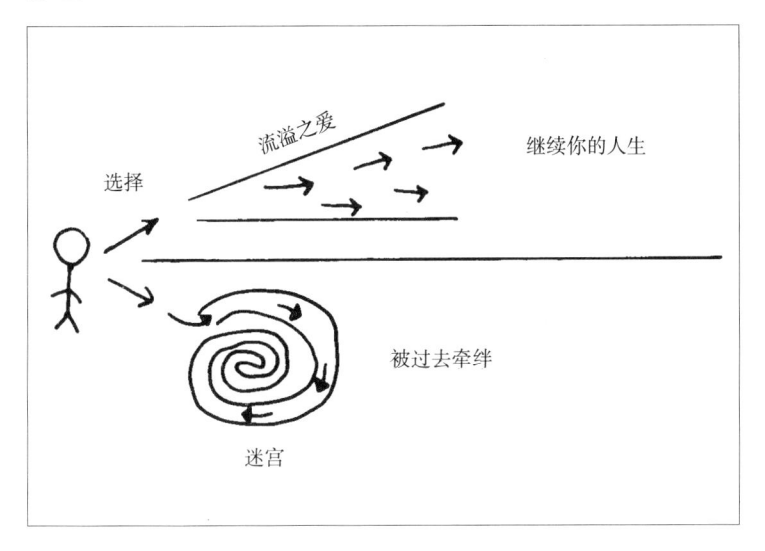

图 3.1 面对不公平待遇的不同选择

图 3.1 中的小人儿就是刚刚经历不公的你。下方的箭头代表你什么都没有做，如此一来，你就选择了进入迷宫。上方的箭头代表你选择执行"积极的爱"的三个步骤。这个决定让你与"流溢之爱"合二为一，你便能自由地迈向未来。许多求询者在受到伤害时

会"脑补"出这个画面，借此提醒自己是有选择的。

何时使用"积极的爱"？

现在就来练习这三个步骤：集中、传送、渗透。从头到尾多做几遍，这样你就可以仅凭记忆来使用这项工具。你应该练习到这种程度——可以在保证足够强度的前提下快速完成这三个步骤。

前面提到过，本书中的每一项工具都有使用提示。对"积极的爱"来说，最明显的提示就是有人做了让你生气的事情，比如你的儿子没有把垃圾带出去，你的同事盗取了你的创意，等等。通常情况下，你会反应过度：要么暴怒，要么久久无法放下这件事，也可能二者兼有。这种愤怒就是给你的提示——当你感到愤怒时，你就要开始使用"积极的爱"，持续使用它，直到你冷静下来，继续前行。

第二个提示是不太明显的愤怒情绪，它的出现频率同样很高。这种愤怒不是由当下发生的任何事引发的，而是你对几周乃至几年前的记忆做出的反应。如果你允许过去的记忆把你带入迷宫，它对你造成的伤害不亚于刚刚发生的让你生气的事。我们都非常容易反复想起过去遭受的不公待遇。比如在一个美好的日子里，你发现自己想起了在某场婚礼上冷落过你的人，或者试图在背后破坏你和老板关系的同事。这个时候，你就必须使用"积极的爱"。

最后，在与不好打交道的人相处时也可以使用"积极的爱"。我们每个人都至少认识一两个很有攻击性的人，一想到他们，我们就会陷入迷宫。在喜剧里，这类人的典型角色通常是岳母或者婆婆，但也有可能是你的伴侣、孩子或者老板。一想到要和这些人相处，我们就会耗费大量时间来焦虑，设想对方将会如何对待我们，以及我们该如何应对。这其实对我们与他们之间的有效交流毫无帮助，不过是另一种形式的迷宫罢了。

唯一能真正使你准备好应对这些人的方法就是使用"积极的爱"。事实上，你一想到这些难以相处的人，就应该使用这项工具。如此一来，他们在你大脑中占据的空间就会缩小。一旦你能够随心所欲地走出迷宫，这些人就不会对你产生那么大的影响力了，你也将更加自信地面对他们。

如果严格按照这三个提示来行事，你就会发现生活中的伤害、憎恨和愤怒都减少了，你也不再受制于那些过去总是让你生气的人。

我需要提醒你：想要使用"积极的爱"并不总是那么容易。当陷入自以为是的愤怒时，你会觉得不应该向那个把你逼入"绝境"的人传送爱。通常，我们会在道德或者宗教的背景下思考爱：我们试着去爱，是因为那是"正确"的事。但是，当你受了委屈时，"做正确的事"这一抽象概念便不足以改变你的行为。阿曼达就是这么说的："如果谁把我惹毛了，那我就以其人之道还治其人之身。我可不是甘地，我是做服装行业的。"

我从来不会因为使用"积极的爱"这件事是正确的，就要求求询者这么做。我告诉他们，使用这项工具是为他们自己好。我会提醒求询者，他们再也不想活在愤怒的状态中——不是因为这种状态不好，而是因为它让他们痛苦、无力。道德是很重要，但总有一些时候，道德的力量不足以激发我们的行动。这种时候，你必须找到某种更强劲的动力：你的自身利益。

另一个难以使用"积极的爱"的原因是，愤怒是一种反应性的情绪——光是看着对方的脸，甚至只是想象，就能加剧你的愤怒，你也就不可能再产生爱。如果发现这种情况发生在你身上，请试试这个简单的技巧：当你使用这项工具时，试着想象一个没有面孔的人。脸是一个人身上最具辨识性的部位，一副没有面孔的身体可以属于任何人。当你用爱去渗透对方时，只要看着他的躯体，在他的心中注入能量，你就会把注意力从对方身上挪开，转而专注于你自己的任务，也就是产生"流溢之爱"。

当你的目标是产生"流溢之爱"时，在任何情况下把它想象成一种物质，比如水，都会很有帮助。如果你在洗车店工作，你的工作就是彻底冲洗每一辆车，不管这辆车是属于圣人还是你最大的敌人，你的工作就是把水均匀地喷洒在每一辆车上。

但你会发现，带着这份更高形式的爱工作，会比带着任何物质目的工作得到更多回报。当你付出爱时，你最终得到的爱会比刚开始的时候更多。和水不同的是，如果你的杯子装了半杯爱，而你把它给你的敌人喝，他会还给你满满一杯爱。这就是为什么在使用"积极的爱"的最后一个步骤中，你会觉得充满能量而又平静祥和。

常见问题

到目前为止，关于使用本书中提及的工具，我们最常听到的反对意见是，使用这些工具太过费事。我们在第一章讨论过这一点，但这里需要再重复一次。我们明白，当你备感压力的时候，你最不想听到的就是你还有其他事要做。

但请记住：当你使用这些工具时，你得到的回报比你投入的精力多得多。对此，只有一个解释：工具会让你体验到更高动力的无限能量。"积极的爱"就是一个很好的例子：你送出了所有的能量，但在完成这个行为的时候，你拥有的会比一开始更多。这就是为什么那个装了一半的杯子在回到你手上时总是满的。这是对"无限"的直接体验。

在这里需要重申：作为人类，我们被赋予了通往"无限"的机会，但我们必须为之付出努力，因为它不是平白产生的。

下面是一些关于"积极的爱"的常见使用问题。

问题一：如果使用"积极的爱"，不就放过了那个不尊重我的人吗？

当感到不被尊重时，我们的本能反应是去对抗对方。不幸的是，我们如果这么做，通常就会深陷迷宫之中。对抗那个人只会激发我们的愤怒和恐惧，而非获得对方的尊重（如果你不相信这一点，可以试想有人在向你发泄他的愤怒情绪，看看在你心中会激起什么样的感受）。

他人比你以为的更具洞察力，当你对抗他们时，他们会凭直觉知道你内心的感受——爱或恨——那告诉了他们你是如何看待这段关系的。传递仇恨就意味着这段关系对你而言毫无意义，你想要摧毁它，这就是为什么你的仇恨很容易引起对方的仇恨。即便当你身居高位，必须督导其他员工时，也是如此。恐吓和辱骂并不会激发他们的忠诚。

优秀的沟通者会相信，大部分的人际关系中都存在善意，即使它暂时缺位。激活这种潜在善意的唯一方法，就是在对抗他人之前先进入"流溢之爱"的状态。这会向对方传递出你仍然珍视这段关系的信号。他们一旦感受到了这一点，就比较能听进去你说的话，并以尊敬的态度回应你。有时候，"积极的爱"不管用，那是因为对方没有善意。即便如此，你也没有任何损失，因为无论如何你都不会赢得这个人的尊重。事实上，此时你会感受到一种平静的自信，而不是那种身处迷宫时让你不堪重负的偏执情绪，因为你认清了对方。

对大多数人来说，"积极的爱"创造了一种新的对抗模式。请在对他人说任何一句话之前，甚至在见到他之前就使用这个工具，要持续使用它，直到你能感觉到自己进入了"流溢之爱"的状态。一旦处于这种状态，你就准备好去面对他人了，它会让你变得坚定自信，没那么容易生气。

把爱作为对抗之前的准备，似乎很奇怪。敞开心扉去尝试一次，看看究竟会发生什么。

问题二：我不想使用"积极的爱"，因为它是个谎言。向憎恨的人传送爱，这不是很假吗？

心理学的训练让人相信，我们应该诚实地传达所有的感觉，因为情绪代表了某个状况的"真相"。这是一种谬论——情绪只代表了部分真相。以阿曼达和布莱克为例：阿曼达真正恨布莱克的原因是他在晚宴上被别的女人占据了全部注意力。但在晚宴之前，她是爱他的。他们二人的生活纷乱地交织着，所以，要说她的恨意代表了这段关系的全部真相，显然是过于简化的荒谬说法。所谓"真相"，总是多方面的。

你可能有过这样的经验：回顾过去某次争执，你会惊讶地发现，让你激动不已的事情现在看来似乎很可笑，也完全不重要了。在那个愤怒的时刻，你以为所有的事情都是"真实的"，但那其实只是反映了你当时有多么愤怒。针对那个"真相"表达感受或采取相应的行动是很荒唐的，没有任何一段关系能够在这样死板的、仅存于字面意义的"真实"中存活。

认为自己知道对方的终极真相，无疑是在浪费时间。你只会获得一种看似"正确"的感觉，而这只是个"安慰奖"。唯一能真正帮助你的，就是通过积极的方式培养重塑这段关系的力量。然而，只要你还被困在当下的反应之中，你就无法做到这一点。"积极的爱"会给你超越当下感受的力量。

这就是心理学精神方法的真正力量：它教你如何激活比你的情绪更强大的更高动力。这些动力不会取代你的情绪，但它们会转化你的情绪。当你不再把精力浪费在肤浅的烦恼上时，生命中的重要事物会更加让你感动。

问题三：在"积极的爱"这项工具的第一步中，我无法让自己相信充满爱的世界是存在的。我该怎么办？

你若感受不到这一点，那其实是因为你在抗拒，拒绝感受充满爱的世界，因为它太过强大。人类在自我意识中不喜欢体验比自己强大的事物。

要避免这样的问题，你可以专注于感受你的心，因为心无须自我夸大。试想一下，你的内心极度脆弱，需求感极其强烈，仿佛你的心正在苦苦乞求。接着，将你的需求感引至这个充满爱的世界。你越是深刻地感受到这种需求，充满爱的世界就会变得越真实。

像这样花点儿时间打开你的心扉，能让你做好使用这项工具的准备。随着练习，你的心会变得柔软，会成为一个通往更高动力的强大渠道。

在敌对状态下保持脆弱，一开始会让人感觉奇怪，那就在你独处时，试着让自己进入那个状态。和其他任何技能一样，这也需要练习。这同一名棒球运动员在与真正的投手对战之前，要在练习场上花点儿时间是一个道理。

你在这个脆弱的状态中越是投入，就会感受到越多的力量。这让大多数人都震惊不已，因为他们不明白真正的力量是什么。真正的力量不是来自你个人，而是来自这样一个事实——你正在传送某样比你自身更宏大的东西。

当你拥有了真正的力量时，你就不需要向任何人证明任何事情。没有了自我意识，你从自己最崇高的部分开始运转。在这种状态下，你可以激发旁人身上更高层次的部分。这才是真正解决冲突的唯一途径。

"积极的爱"的其他用途

如果你和阿曼达的情况不同,那"积极的爱"还可以帮助你吗?

可以。因为就像本书中的其他工具一样,"积极的爱"不仅适用于某一个求询者,它有着广泛的应用范围。下面,我将介绍三位情况与阿曼达截然不同的求询者,他们都在特殊状况下使用了"积极的爱"。在每一个案例中,"积极的爱"都帮助求询者激发了以前从未有过的力量。

"积极的爱"培养了自控力。 如果你控制不好自己的脾气,那么这对你和你身边的人来说都是极具破坏性的事。控制脾气的唯一方式就是在对的时间使用有效的工具,在"炸弹"爆炸前就拆除它。

雷经常会在公众场合发脾气。如果有人在人行道上撞到他,或者在路上别了他的车,他就要发作。但由于他对"男子气概"也没有其他的定义,当他觉得自己受到羞辱时,他还来不及思考就已陷入战斗状态中。40岁时,他还在街头和陌生人打架,直到有一次,有两个年轻人开车堵住他上高速的路,他们在开车走的时候还笑他,他才幡然醒悟。于是,他穷追不舍,跟了他们几英里[①],并从后面撞上了他们的车。当他跟着他们驶离高速出口匝道时,他们拿着球

[①] 1英里约为1.61千米。——编者注

棒下了车。对雷来说，这是个转折点。"我知道我老了，不能再靠打架赢得小混混们的尊重了。"他说。

仅靠思考无法解决他的问题，雷需要的是一个在他即将爆发的时刻能发挥作用的工具。我教了他如何在那些时刻使用"积极的爱"，这项工具不仅能使他控制自己，还能产生更为深远的影响——它能让他体验到真正的男子气概。"每次只要我没有失控，我就会更加尊敬自己。随便那些小混混怎么想吧。"

"积极的爱"让你更加自信坚定。没有什么比生别人的气又无法表达出来更令人沮丧的了。愤怒积累得越多，对抗可能就越危险。使用一种化解你愤怒的工具，能在你坚持自己的立场时维护你的安全。

马西曾在一家律师事务所的财务部工作多年，该部门的主管艾尔是一位比马西年长 20 岁的会计师。马西虽然没有大学学历，但她是这个部门里最聪明、最可靠的员工。艾尔尽管每次遇到问题都会求助马西，但其他时候对她的态度十分粗暴、轻蔑。马西太被动了，不敢为自己说话，但工作了三年都没有升职加薪，这件事让她怒火中烧，满脑子幻想着要怎么斥责艾尔一顿。自打有了这种想法，艾尔在马西眼里似乎就更加令人生畏了。

我让马西只要在艾尔的旁边就使用"积极的爱"。令她震惊的是，这让艾尔看起来不那么吓人了，反而还比较有人情味。最后，她终于能够"对抗"艾尔。在"流溢之爱"的状态下，马西做到了带着自尊心平静地讲话，于是，她得到了应得的加薪。

"积极的爱"训练你接受他人真实的样子。你生命中的每个人都是不完美的，要么是因为他们过去做过的事，要么是因为他们现在无法改变的事。执着于这些事情只会破坏你们的关系，因此你需要一项工具，它让你能够接受他人，尽管他们都有缺点。

马克想和女友结婚，但他对她的过去无法释怀。在遇到他之前，她曾与一个想成为摇滚明星的人恋爱。那时她只有23岁，几乎没有人生经验，只觉得男友很酷。他带她过着充满性、毒品和摇滚乐的生活。六个月后，她受够了这一切，离开了他。但马克始终无法释怀，他对她曾和一个臭名昭著、玩弄女性的人交往耿耿于怀，一想到他们还一起吸过毒，他就更加不舒服了。他认为，从某种角度来说，她被过去的经历玷污了，似乎她身上有了一个永远去不掉的污点。某个认识她前男友的人打来的电话、一张旧照片，甚至一首歌，就足以使他坠入迷宫，满脑子都想着女友和前男友之前做过的事。他会拼命地胡思乱想，并且质问她关于过去那段关系的事，试图诱导她的说辞产生前后矛盾。真正让他困扰的是，过去发生的一切都已无可挽回，没有办法再恢复她的"纯洁"。

他唯一的选择就是训练自己去接受她。每当开始胡思乱想时，他就要使用"积极的爱"，这会减弱她过去的经历对他的控制，让他学会信任当下的她。

"积极的爱"概要

一、这项工具的用途是什么？

当有人激怒了你，情绪在你脑中挥之不去时，你就可以使用这项工具。你可能会反复回想对方做了什么，或者幻想着报复，这就是迷宫——它让你的生活停滞不前，而世界却在没有你的情况下继续前进了。

二、你要对抗的是什么？

你要对抗的是希望他人"公平地"对待你的天真想法。在这种想法下，你拒绝重新出发，继续过你的生活，直到你受到的委屈得到了"平反"。但因为这种情况很少发生，所以你就被困住了。

三、使用这项工具的提示

1. 当有人做了某件激怒你的事情时。
2. 当你发现自己在重温过去遭遇的不公——不管是最近发生的还是很久以前发生的——时。
3. 当你准备去面对一个很难对付的人时。

四、工具的具体使用方法

1. 集中：感受你的心在扩张，足以包罗环绕着你的充满爱的世界。当你的心恢复到正常大小时，它会将所有的爱都集中在你的胸腔。
2. 传送：将你胸腔里所有的爱都毫无保留地传送给对方。

3. 渗透：当爱进入了对方的内心时，不要只是看，要感受它的进入，感受到它与对方合而为一，然后放松，你就会感觉到你付出的所有能量都重新回到了你的身体里。

五、你正在使用的更高动力

"积极的爱"创造了"流溢之爱"。"流溢之爱"是一种接受一切事物本来面貌的力量，它会消解你的不公感受，因此你可以毫无保留地付出。一旦处于那种状态，就没有什么能让你退缩。你就是最大的受益人，没有什么能阻挡你。

04

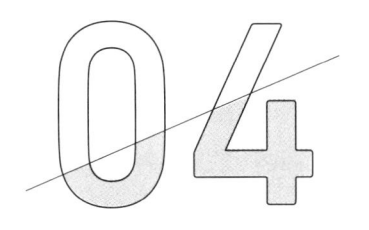

工具三：
内在权威

在令人害怕的情形中，当你发现很难表达自己时，请使用这项工具。

此时的你会"冻结"，变得像木头一样僵硬，无法自然、自发地表达自己，甚至难以与他人建立联结。这背后隐藏的是一种非理性的不安全感。使用这项工具，可以让你克服不安全感，做回你自己。

珍妮弗是我的求询者，她的儿子刚刚被一支精英足球队录取，这在他们居住的洛杉矶西区是个大新闻。珍妮弗非常支持儿子的运动生涯，平时她总是犹豫不决，但在儿子加入足球队这件事上，她使出了浑身解数来影响教练的决定。她与教练交谈了几次，与当地的一名体育记者邮件往来，并接触了每个可能说得上话的人。她所做的一切，都是为了争取儿子的足球队名额，使自己能够开车前往南加州一个不知名的小地方，在酷暑中坐着看一场她无法理解的复杂比赛。她的儿子才10岁。

珍妮弗在小镇长大，是家里第一个高中毕业生。她一有能力就逃到了大城市，凭借惊人的美貌当上了模特。但内心深处，她从未完全逃离乡村。尽管取得了一些成功，但珍妮弗始终无法摆脱她所在的高档社区的邻居都比她强的感觉——她觉得他们比她更聪明、更世故、更有生活保障。在她的想象中，她永远无法进入他们那个小圈子。

她立志永远不让儿子像她一样感到被排挤。和她不同，儿子以后会上大学，而且不是普通的大学，是一流学府，最好是常春藤联盟[1]名校。加入足球俱乐部只是实现进入上流社会的奋斗目标的第一步，之后，儿子还要进入私立预备学校，然后进入一所精英大学，如此一来，他就被那个小圈子接纳了。

珍妮弗的父亲还住在以前的小镇上，他被她的宏大计划触怒了。在他看来，整个计划散发着"精英主义"的气息："看来，我的孙子在长大后喝的是白葡萄酒，而不是啤酒。"她回答道："只要那白葡萄酒够贵就行。"

不用说，当教练打来电话说她的儿子被足球队录取了的时候，珍妮弗的确喜出望外，但这种激动的感觉并没有持续很长时间。从练习的第一天开始，珍妮弗就觉得自己像个局外人。大多数男孩都有父亲陪伴，他们都是成功的律师或商人，她儿子的父亲却是个失败者，一听说她怀孕就立刻抛弃了她。其他孩子的父亲都在教导儿子一些精妙的技巧，比如铲球、点球和越位规则，而珍妮弗连黄牌和红牌代表什么都记不住。

球队孩子们的母亲让珍妮弗感觉更糟。每次到练习场时，珍妮弗都看到她们聚在一起叽叽喳喳说个不停，有时她会发现她们向自己投来异样的眼光。她们从来没有腾出座位让她坐下来加入。"她们永远不会接受我的。她们已经认为我是垃圾了。"珍妮弗告诉我。

---

[1] 常春藤联盟（Ivy League）最初指美国东北部地区的八所高校组成的体育赛事联盟，后指由这七所大学和一所学院组成的高校联盟。联盟成员全部为美国一流名校，包括哈佛大学、宾夕法尼亚大学、耶鲁大学、普林斯顿大学、哥伦比亚大学、达特茅斯学院、布朗大学及康奈尔大学。——编者注

"你怎么知道她们在想什么？"我问道，"你有没有跟她们说过话？"我鼓励她去接触那些母亲。接下来的一周有个家长会，大家要讨论去客场比赛的交通问题。尽管珍妮弗认为自己的判断没错，家长们都不接受她，但她还是强迫自己去参加了，结果并不顺利。"我想做个自我介绍，但一开口就呆住了……我口干舌燥、声音发抖，听起来就像个'怪咖'。最后，我只能飞快地逃离了现场。"

每个人都经历过这样的时刻：你想给别人留下好印象，但大脑和身体却不听使唤。我们将这种情形称为"冻结反应"。珍妮弗的症状很典型：口干舌燥、浑身发抖、大脑"短路"（症状是无法记住信息，甚至无法说出连贯的句子）。有的症状则是无法准确感知自己的身体，会不小心摔倒或撞到东西。轻微的"冻结反应"会让人产生一种不太舒服的僵硬感；比较严重的症状则是完全不能行动或说话，就像一头鹿被车灯晃得呆住了，一动不动。

我们都经历过某种形式的"冻结反应"。通常，人们会认为站在一大群人面前时容易出现这种情况，但有时某个人也会让你产生"冻结反应"——可能是你的老板，也可能是你的婆婆或岳母。在本章，当我使用"观众"一词时，我并不一定是指一群人，一个人也可以作为"观众"。"观众"只是代表任何时候你都很在意其对你的看法的人。

此外，也有人认为是所处的情形让我们"冻结"，比如和一个令人生畏的人见面，或在一大群人面前讲话。然而，"冻结反应"其实是内心的不安全感导致的，你可能在突然失去自我表达能力之前都不会察觉这种不安全感。

让我们看看它在你的生活中是如何影响你的：

> 闭上眼睛，想象自己站在一个或一群让你没有安全感的人面前。把注意力放在你的身体上，确认有没有我们刚才提到的"冻结反应"的症状。出现这些症状却还要试着表达自己的观点，是一种什么感觉？

如果你和大多数人一样，你就会感到尴尬和不适。但是，如果缺乏安全感所要付出的代价只是一点点尴尬的感觉，那完全没关系。不幸的是，它让人付出的代价往往大得多。

不安全感的代价

不安全感会破坏人们彼此联结的能力。随着时间的推移，不安全感会让人觉得你呆板、拘谨、无趣，而且，矛盾的是，它会使你成为不会付出的人。缺乏安全感的人非常在意别人怎么看待他们，但自己几乎不会有任何付出。结果，他们越来越感到自己被孤立。

珍妮弗的遭遇就是个很好的例子。家长会后，她更加确信每个人都瞧不起她。于是，儿子的足球训练成了对她的折磨，因为在她的想象中，她现在是个不受欢迎的人。她走向露天看台顶层那个孤零零的座位，就像囚犯走向电椅。她回避与他人的眼神交流，但心脏却怦怦乱跳。她开始执迷于制订各种让其他家长接受她的计划。一周后，她洋洋得意地宣布："我找到了答案，是我的口音问题！

我还带有之前说话的鼻音腔调,但我已经约好了一位演讲教练来帮我纠正了。"

幸运的是,在珍妮弗浪费大量的时间和金钱之前,命运插手了。儿子的球队为他们的首场客场比赛租了一辆大巴。当儿子在大巴的后排座和队友侃侃而谈时,珍妮弗勇敢地向前倾了倾身子,与坐在她前面的几位母亲开始了交谈。一开始,她们似乎有戒备心,但慢慢地,她们对她热情了起来,并向她坦承,每次训练时,她们都看到她这位身材比例完美的模特自信地从她们身边走过,还穿着她们不惜一切代价都想把自己塞进去的衣服。这位模特甚至从不会屈尊和她们打招呼。"你看上去特别高傲,对我们一点儿兴趣都没有!"

家长会只会让情况变得更糟,她们唯一能做的就是让自己的丈夫闭嘴,不再谈论这位身材火辣、总是在傍晚时分神秘地提早消失的单亲母亲。她们当中有些人甚至不安到聘请了私人教练来塑形。当珍妮弗承认自己请了演讲教练时,大家都笑了。

珍妮弗尴尬地承认,她的观点已经相当扭曲。她已经将其他家长看成了一个截然不同的优等种族,他们不仅懂得无数精妙的足球球技,还在完整的、有收入保障的家庭里养育着自信乖巧的孩子。"现在我明白我的想法有多疯狂了,其实他们大多数人的生活都是一团乱麻。"

更重要的是,她意识到自己变得以自我为中心,甚至因此对他人有所保留。"事实上,不友好的人是我。"她承认道。这让其他家长对她感到不安。对她们来说,她看起来就像一只美丽的雌性食肉动物，会设法得到她想要的一切，而留在她身后的则是一个个支离破碎的家庭。

不安全感像传染病一样席卷这群成熟理性的成年人。双方对彼此的看法都是完全错误的，在他们可以互相联结之前，没有一方能看清现实。如果珍妮弗听从了她的不安全感，那么这些家庭会一直将她和她的儿子拒于门外。

与他人联结也是成功的重要因素之一，因为生活中最重要的机会来自他人。如果机遇的获得是基于个人的优点或者功劳，那当然很好，因为那是对才华或努力工作的奖励。但世界并不是这样运转的。别人给你机会，是因为他们感受到了和你的联结。我知道一个极端案例。我最好的朋友是世界级的理论物理学家，他在一所知名高校任教，也是享有盛誉的美国国家科学院的院士。他有一位同事在能力上远远超过他，但从未被提名为院士候选人。为什么？因为这位同事的不安全感让他争强好胜、嫉妒心强，而且很难共事。尽管他能力出众，但不安全感限制了他的职业发展。

珍妮弗也在和他人建立联结上存在问题，只是原因没有那么明显。在我认识她之前，她曾试着从模特转行做演员，也很快就吸引了一位星探的注意，但试镜结果却不理想。任何试镜，最重要的部分就是与房间里的人建立联结。她完美地背下了台词，但表演得非常生硬，那些看过她表演的人都觉得很无聊。在被无数次拒绝后，她的经纪人解雇了她。"你工作很努力，脸蛋也无可挑剔，"他说，"但你一试镜就变成了机器人。也许你该去看看心理医生。"

珍妮弗当时还没有想明白，认为可以依靠自己摆脱不安全感，于是，她发起了一场"战役"，其规模不亚于为儿子获选精英足球队所付出的努力。她聘请了一位表演老师，写下了自己所有的抱负，并想象自己获得了奥斯卡奖。然而，这场向她的不安全感开炮的"战役"，只是让她短期内感觉稍好，没过多久，那种"没人喜欢你"的强烈负面情绪就又回来了。

我们一次又一次地看到，消除不安全感是多么困难——事实上和逻辑上都行不通。缺乏安全感的人通常会不遗余力地追求那些以为会让自己感觉更好的目标，比如减肥、深造、为了升职而全天扑在工作上，但每次遇到具体问题，又会再一次觉得自己力不从心——不安全感似乎有了自己的生命。

为什么不安全感这么难以摆脱？

答案乍一看似乎很奇怪——我们每个人的内心都有"第二自我"，这是一个让我们深感羞耻的存在，不管怎么努力，你永远摆脱不了这个第二自我。

影子

你的内心存在第二自我，这种说法似乎令人难以置信，但请保持开放的心态，继续看看珍妮弗的遭遇。

当珍妮弗意识到她的不安全感是不理智的时，我让她闭上眼睛。"想象你回到了让你'冻结'的家长会，重现那种让你颤抖的感受。"她点点头。"现在，把这些感受推出你的身体，推到你面前，想象它们有张脸，有副身体——这个人形就是一切让你觉得没有安全感的事物的化身。"我停顿了一下,"当你准备好了的时候,告诉我你看到了什么。"

一段长长的静默后,珍妮弗突然退缩了一下,然后睁开眼眨了眨。"呃,"她撇了撇嘴,"我看到了一个十三四岁的女孩,胖乎乎、脏兮兮的。她脸色惨白,还长满了青春痘……完完全全就是个失败者。"

珍妮弗刚刚看到的是她的"影子"。

"影子"是我们不想成为且害怕成为的一切,它以一种单一的形象呈现。它之所以被称为"影子",是因为它和我们如影随形。

瑞士心理学家、精神病学家卡尔·荣格[①]第一个提出,无论成就、天资或外表如何,每个人都有个影子。影子是我们与生俱来的众多"原型"之一,而原型是一种感知世界的模式。例如,每个人生来就有一种关于母亲应该有的形象的感觉,荣格称之为"母亲原型"。这只是个原型(不要和你真正的母亲混淆),但它确实塑造了你对亲生母亲的期望。原型有很多种——母亲、父亲、上帝、魔鬼等,每一种都会对你如何体验这个世界产生深远影响。

影子不同于其他所有原型——其他原型会影响你如何看待世界,而影子则决定了你如何看待自己。以珍妮弗为例,在其他人看来,她是一个容貌靓丽、身材完美的模特,发型和妆容都完美无瑕;对

---

① 卡尔·荣格(Carl Jung),瑞士心理学家、精神病学家。创立了荣格人格分析心理学理论,提出"情结"概念,主张把人格分为意识、个人无意识和集体无意识三层。曾任国际心理分析学会会长、国际心理治疗协会主席等,其理论和思想至今仍对心理学研究影响深远。——编者注

她自己来说,她是一只丑陋的流浪猫,一个被社会排挤的边缘人。难怪她觉得没有安全感。

现在你可以理解了,为什么不安全感如此难以摆脱:你可以消除一个特定的缺陷——珍妮弗很早以前就清理了脸上的粉刺,也不再像青春期时那么肥胖——但你无法消除影子本身,它是人性的一部分。

让我们看看你的影子是什么样的。

> 回到上一次练习中的感觉:你面对着一群让你感到不安、不自在的人。把注意力放在由此带来的情绪上。现在,把这些感觉推到你面前,想象它们正在形成一个有脸、有身体的人。

你刚刚看到的就是你的影子,仔细记下它的样子。不必担心你的影子形象是否"准确",因为并没有所谓的准确形象。每个人的影子都是不一样的,但无论它是什么样,其外表都令人不安:帅气的花花公子,他的影子可能像一个笨拙的巨人;一个世界500强企业的女性首席执行官,她的影子看起来可能是一个孤独的、正在哭泣的8岁女孩。影子看起来可能不讨喜、很丑陋、很愚蠢,随着你和它的共处,它的外表可能会改变。

影子是人性最基本的冲突的根源之一。每个人都希望自己有价值,但当审视自己的内在时,我们看到了影子,于是觉得羞愧难当。我们的现时反应是立刻转向外在,寻找一些证明自身价值的证据,也就是获得他人的认可和肯定。

如果你质疑这种寻求他人关注的行为的普遍性，那就看看我们是如何崇拜名人的吧。我们通常会觉得，由于名人已经得到了全世界的认可，所以他们一定是快乐的、有安全感的。即便他们经历了反反复复的（吸毒或酗酒的）康复治疗、失败的恋情、被当众羞辱，我们仍然坚信，成为众人瞩目的焦点会给他们带来我们所渴望的价值感。

广告公司每年花费数十亿美元来制作广告，每一份广告都在捕获我们对"被他人接受"这件事的需求。这些广告都指向一个简单的信息：如果你购买我们的产品，你就会被接受、被爱，成为圈子中的一员；如果你不买，那你就只能孤孤单单地和你的影子困在一起。这使我们更加相信，我们可以像买房或买车一样"买来"自我价值。

问题就在于，他人再多的认可也不能让你感到自己有价值，因为无论你得到多少肯定，都无法让你的影子消失。每当独处时，审视自己的内心，你都会看到你的影子，它就在那里，它让你觉得窘迫、自卑。菲尔和我接待过一些名人求询者，他们时常都能获得无数肯定，也总是受到媒体的追捧。但这种类型的崇拜并不能提升他们的自我价值，反而会让他们变得脆弱和幼稚。他们越来越依赖于得到关注，就像婴儿依赖奶嘴一样。

不管是不是名人，当你渴望别人的认可时，你就给了他们控制你的权力。他们成为定义你价值的权威人物，他们将大拇指朝上或者朝下指，似乎就是对你个人价值的最终评判，难怪你在他们面前会"冻结"。

图 4.1 表明了这个过程是如何运作的。

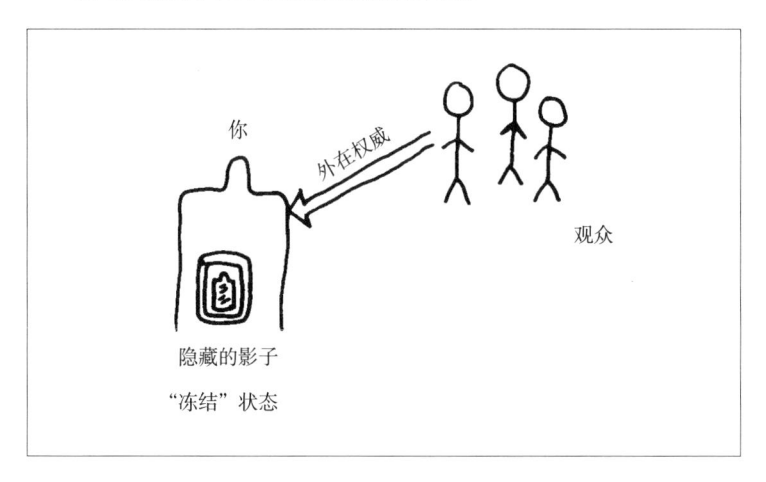

图 4.1 容易陷入"冻结状态"的人

图 4.1 描绘了一个容易陷入"冻结"状态的人（他几乎可以是每一个人）所面临的情况。这个人为自己的影子感到羞耻，并尽其所能将它深藏于内心，就像图中所示的"隐藏的影子"被包裹在一个框里。右上角的"观众"画得比较大，因为这个人觉得他们有权力定义他的价值，这份权力通过标有"外在权威"的箭头指向他。因为他藏起了自己的影子，所以外在的力量把他冻结了。

图 4.1 清晰地指出，向外看并不比向内看更好；无论使用哪种方式，真正的自我价值感似乎都避开了我们。

有一种方式可以帮助找到自我价值，它涉及一个深奥的秘密：看似软弱卑微的影子其实是通往更高动力的通道，而只有这种更高动力才能赋予我们持久的自我价值。

是什么样的更高动力会选择通过被我们鄙视的部分来展现自己呢？你可以基于自己过去的经历来更好地理解它的本质。那些经历发生在你小的时候，你可能已经记不清楚，或者完全遗忘了。

更高动力：自我表达

观察小孩子，特别是当他们玩耍的时候，你会发现，孩子们不会感到难为情，也不会缺乏安全感，他们自在而又充满活力地表达自己，几乎从来不会"冻结"。

小孩子之所以不会冻结，是因为他们身上充满被称作"自我表达"的更高动力。它有一个神奇的特质：它让我们以真实、真诚的方式展现自己，完全不在意他人的反应。因此，当你与这股力量联结时，你所说的话会异乎寻常地清晰有力。

每个人在成年后的某些时刻都体验过这种力量——可能是在兴奋地讨论对你个人有意义的事情时；可能是你在安慰遭遇危机的朋友时；可能是当你给孩子编睡前故事时。在无数个类似的例子里，你沉浸在那些体验中，允许"自我表达的力量"通过你发出声音。你成了一个通道，传达出比平常的你更有智慧、更自如的某样事物，其中有解脱，也有喜悦。

口头语言并不是"自我表达的力量"唯一的呈现方式，几乎每一项人类活动都存在一定程度的自我表达，其中一个例子就是写作。一位求询者这样描述道："当完成剧本时，我有一种感觉——我没有创作任何内容，我没那么厉害，好像所有的东西都是有人口述给我的，我只是把它抄了下来。"

这股力量甚至不需要言语或文字就能发挥作用。当运动员们说他们"进入状态"时，他们其实是联结了"自我表达的力量"。一位伟大的篮球运动员在做出一个看似不可能完成的动作时，他并没有在思考"哪条线路是可行的？"或者"防守球员有多高？"，他停止了思考，退到一旁，让更高动力接管他的下一步行动。事实上，任何人类的行为都有让这股力量进行自我表达的空间。

当与"自我表达的力量"建立联结时，你体内的某个通常沉默的部分会发声。你会从内在最深处的自我发出声音，这个内在的自我有它自己的权威，并不依附于他人的认可。孩子们能够在与这个内在自我协调一致的状态下自然而然地说话和行动，这就是他们为什么能够如此恣意地表达自己。

但当我们长大成人时，我们就会背离这个内在的自我，将所有的注意力和活动都集中于外在的世界。我们开始在外在世界寻求认可。到了青春期，我们渴望得到同龄人的接纳，仿佛那就是至高的圣杯。

这就产生了一个新的问题：我们必须藏匿自己身上任何可能不被别人喜欢的东西。令人惊讶的是，这个藏匿之处就是我们的内在自我。我们把它当成了垃圾袋，把自己不被接受的一切都倒了进去。内在自我还在那里，现在却被埋在我们最糟糕的特质之下。

在这个过程中，我们把某样美丽的东西——内在自我——变成了自己鄙视的东西：影子。它看起来似乎是我们身上最糟糕的一部分，但实际上，它是通向内在自我的大门。只有当那扇门敞开时，我们才能真正地表达自己。

但是，如果你一生都在藏匿自己的影子，要做到这一点就并非易事。你需要一个强大的工具。

工具：内在权威

这项工具和你已经学过的前两项工具相比，有一个很大的不同："逆转渴望"和"积极的爱"唤起的更高动力独立于它们所克服的障碍，而这项工具则将影子变成了通向"自我表达的力量"这一更高动力的通道。

为了解释这个过程是如何运作的，你需要了解菲尔是怎么发现这项工具的。

- **菲尔篇**

    我决定在一次研讨会上讲述我正在研发的一些新理念，我对此很紧张。在正式场合对着一大群陌生人讲话，比与求询者一对一地在办公室里舒适地交谈可怕得多。我产生了许多可怕的幻觉，比如在台上一动也不能动，完全想不起来要讲的内容，甚至开不了口。为了避免这样的窘境，我在小卡片上写下了每一个字，以防临场大脑一片空白。

    结果却是一场"灾难"。

我僵硬地站在观众面前，死死地攥着手里的小卡片，用一种单调的语气读着上面的内容，并强迫自己时不时抬头偷瞄观众，揣测他们的想法。没有什么比我得到的反应更糟糕的了——观众们为我感到遗憾。我恨不得钻进一个深深的地洞，可惜地上一个洞都没有。

经历了两个小时的折磨之后，我们稍事休息。观众们三五成群地聚集在一起，用一种似乎刚参加完葬礼的语气低声说话。他们觉得非常尴尬，都不好意思接近我。我独自一人坐在台上，感觉身上好像带有让人避之唯恐不及的核辐射。下半场该如何继续，我毫无头绪。

然而，在我最绝望的时刻，最奇怪的事情发生了。

在我的脑海里，我看到一个人影向我走来。那种感觉很真实，那是年轻、瘦弱的我，单纯、害怕、深感羞愧。它代表了我最大的恐惧：当我希望被视为权威专家时，我却会被看成一个缺乏经验、说话结结巴巴的孩子。不管我的反应是什么，它都不会消失；它尽管外表瘦弱，但虎视眈眈地看着我。

我有一种奇怪的感觉：它要帮我。不知为何，我突然感到充满活力。我不由自主地站了起来，迫不及待地向观众走去。他们也感受到了这一点，于是很快回到自己的座位上，可能是想知道我刚才还面无表情的脸上为何露出了如此热切的笑容。在明白自己在做什么之前，我扔掉了手卡，张开了嘴，并在接下来的两个小时里被一种从未感受过的力量控制。我完全即兴发言，慷慨激昂地陈述了我的想法。令人惊讶的是，我从来没有想过接下来要说什么，那些话是自发从我的嘴里出来的。在整个演讲过程中，我明显感觉到了影子的存在。事实上，我感觉就像与它合而为一，和它作为一个整体发表了演讲。

演讲结束的时候，全场起立鼓掌。

我的直觉一直告诉我，影子里隐藏着一些有价值的东西，但那天我才真切地体验到。就在我完全失去了给观众留下深刻印象的希望时，影子出现了，我不再需要隐藏它。令我非常惊讶的是，它的出现并没有破坏我表达自我的能力，反而增强了这项能力。我不再关心观众对我的看法，而是用一种以前从来都不知道的权威来表达自己。

尽管这样的体验很棒，但这不过是影子"免费赠送"了一次它所具有的力量，我不能指望它再一次自动发生。于是，我开始寻找一种工具，通过它，我和我的求询者可以驾驭影子的自我表达能力。

这项工具被称为"内在权威"，就像它字面上所说的那样，这种权威不是来自外界的认可，只有当你从内在自我发声时，你才能得到它。

为了运用"内在权威"，你必须能够看到影子的形象。你已经见过一次——那一次，你将不安全感投射到自己面前，直到它们形成一个你看得见的存在。试着再做一次同样的事情，不要担心能否看到"正确的"形象，反正它会继续演变。最重要的是，你需要感觉到面前有个真实的存在。练习在脑中显现影子的形象，直到你做起来易如反掌。

你要通过利用假想的观众来学习使用这项工具。至于观众是一个人还是一群人，是陌生人还是认识的人，都没关系。唯一重要的条件是你在他们面前讲话会觉得不安。你要利用这项工具来对自己进行"解冻"，因为你有想要表达的内容。

"内在权威"使用方法

1. 想象你站在一个或一群观众面前，你的影子站在一旁，面向你。完全忽略观众，把所有的注意力都集中在影子上。感受你们之间的那种牢不可破的纽带——当你们融为一体时，你无所畏惧。

2. 你和影子一起强有力地转向观众，无声地命令他们："听着！"感受当你和影子用同一个声音说话时出现的权威。

一旦运用这项工具，你就会觉得好像已经清理出了一个可以自由表达你自己的空间，你要做的就是专注在和影子的联结上。你如果没有感受到那个可以自由表达的空间，就重复使用这项工具，直到它产生一种流畅感。

这项工具由三个步骤组成：投射出影子的形象，感受与它的联结，然后，在你转身面对观众时，无声地命令他们听你说话。练习这些步骤，直到你可以快速做完一遍。你要让这几个步骤成为自然反应，这样你就可以在人们面前运用，即便正在讲话时也可以。

当你练习使用这项工具并召唤出影子时，它的外观可能会改变，这并不是一件坏事。和其他任何有生命的事物一样，影子也在发展变化。最重要的是，它的存在与你的"自我"形成了一种你能感受到的、牢不可破的纽带。图 4.2 显示了"内在权威"是如何运作的。

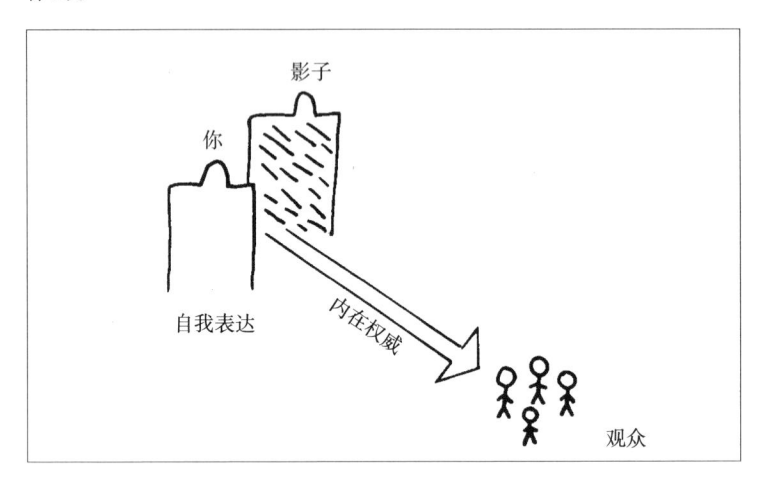

图 4.2　内在权威的运作方式

图 4.2 中的人把影子从藏身之处带了出来，它现在在那个人的体外，又与他联结在一起。他们用同一个声音说话，唤起"自我表达的力量"。这股更高动力赋予那个人"内在权威"，也就是图中那个指向观众的箭头。代表观众的图标比较小，且位于那个人的下方，说明他们不再对他构成威胁。

通过与影子的联结，内在自我的表达力被释放出来。一旦成为这项工具的高阶实践者，今后，你就能够在先前会使你冻结的情况下自由地表达自己。

何时使用"内在权威"？

当你感到有表现压力的时候，你就应该使用"内在权威"。如果你把"表现"定义为任何一个你受制于他人的评判或反应的情形，那么这种情况就比你所认为的更常见。它可能是工作面试、销售会议、演讲，也可能是相亲或大型宴会这种令人尴尬的社交场合。将它们称为"表现"并不意味着你必须装模作样。相反，你要用这项工具来克服压力，自由地表达你自己。

和本书提及的其他工具不同，如果你非要等待一个"大事件"——比如在数百人面前演讲——才第一次使用这项工具，那它就不会起作用。这些事件会把你吓到冻结，除非你循序渐进地持续练习。不妨在独处的时候反复练习使用这项工具，直到感觉它像是你的第二天性，这样便可被视为你做好了在别人面前尝试一下的准备。从某个不会让人紧张的人开始，例如家人、同事、最好的朋友或配偶。大多数人即使在这些人身边，也会有被接纳的需求。

现在，你已经准备好处理那些让你焦虑的情况了。你面临的可能是对抗的局面，或者你必须向他人请求帮助，而这种请求让你感到很不舒服。刻意将自己推入这样的情形，在其中运用"内在权威"。这样做的次数越多，你就越不会感到害怕。

一旦让"内在权威"成为你日常生活中很自然的一部分，你就可以开始在"大事件"里运用它，比如重要的公开演讲。当你在这些令人生畏的场合使用"内在权威"时，会发生一件令人惊奇的事：你会开始期待这样的场合——不是因为它们没有压力，而是因为你一想到有机会表达自己就会感到兴奋。

学习如何使用"内在权威"，就像逐渐增加你在健身房的举重重量一样，需要一个稳定的积累过程。但你也需要一个提示，帮你记住日常生活中什么时候应该使用这个工具。这一持续的提示就是"表现焦虑"。对珍妮弗来说，这个提示显然是儿子的足球训练。起初，她总是默默地走到看台上，和谁都不说话，只是一遍又一遍地使用"内在权威"，这有助于她平静下来。渐渐地，她能够和其他家长说话了。

但察觉"表现焦虑"也帮助她明白，即使不在其他人面前，她也会没有安全感。一想到即将到来的相亲，她意识到自己很焦虑，于是，她使用"内在权威"让自己冷静下来。她甚至开始每天早上在镜子前使用它。"我自己才是我面对过的最吹毛求疵的观众。"她承认道。

与自己的影子携手，珍妮弗开始驱散一直困扰着她的不安全感。

没有人能一下子做到这一点。有时候，你使用了"内在权威"便可以立刻放松下来，带着不可思议的轻松感表达自己；有时候你会觉得，这项工具很机械，或者根本不起作用。

不要气馁，你只需等到下一个提示出现。你能做的最重要的事就是保持与影子的联结，而不要期待立即得到回报。

"取悦观众"这一需求是我们根深蒂固的习惯，要改掉这个习惯，最好的方法是用一个较为健康的习惯来取代它。这意味着你要抓住每一个使用内在权威的机会。如果你坚持这样做，就能训练自己依靠内在自我，而不是他人的反应来实现自我表达。

每个人都有被受到肯定的内心渴望阻碍的地方，包括本书的两位作者。心理治疗师也是人，希望求询者对我们的创见有所认同乃是人之常情，但他们并不总是如此。事实上，有时候他们会把我们看成疯子。要说那些时刻没有对我们的自信构成挑战，肯定是在撒谎。但也正是在那些时刻，要想让求询者敞开心扉，以全新的方式看待自己的人生，我们也需要不断加固我们自己的权威感。

争论问题并不会传递权威，它只是反映了人们对"正确"的需求。真正能让求询者信服的是我们以怎样的深度和热忱来解释我们所坚持的方法——即便他们在质疑我们。赢得这种信服只可能来自"自我表达的力量"，也就是说，身为心理治疗师的我们也必须像任何一个求询者一样运用"内在权威"。

自我表达的秘密好处

在珍妮弗使用这项工具几个月后，发生了一件意义深远的事，从她"飘进"我办公室的样子我就知道了。她没有盯着地板，而是直视着我，浑身散发着热情的气息。"你不会相信今天有多么不可思议。"她上气不接下气地说。那天早些时候，她很焦虑，但这一次与儿子的足球训练无关，而是由一次表演的试镜引起的——这是她几年来头一次试镜。她和其他女演员一起坐在一间小小的等候室里，紧张地等待着自己的试镜。

"一开始读台词时，我就感觉自己'冻结'了，但我很快就使用了'内在权威'，连续使用了两次。"她说，"我平静下来了，随后，我有了另外一种感觉，就像'换挡'了一样。"突然，她站了起来，环视我的办公室，就好像它是个舞台。她的声音听起来有一种带着兴奋的音乐感："你知道我往常有多担心别人对我的看法吗？当时那种感觉就像我忘记了担心。我的台词、我扮演的人物、我的动机——对于一切，我都能不费吹灰之力地信手拈来。"怀着对自己的试镜表现无比激动的心情，她情难自已地轻轻哭了起来，这让她更加光彩照人了。

这样的例子还有很多。珍妮弗有个朋友在她儿子学校的筹款委员会任职。这次试镜之后的某天，因为有急事，朋友问珍妮弗可否代她去和一位重要的捐款人见面。"我吓呆了，但又不能说不，因为她之前帮过我太多次了。"

她的朋友让珍妮弗死记硬背大量财务数据，但当她被介绍给这位捐款人时，她就什么都不记得了。于是，她又用了几次"内在权威"。"我猜，我一定是得到了影子的信任，"她说，"因为这次会面比试镜的效果还要好，我一开口就是令人信服的语调。我发自内心地向他讲述，当我的儿子被学校录取的时候，我的内心是多么感激，他在学校里交到了许多好朋友，也变得热爱学习。当我需要提到朋友为我准备的那些数据时，它们就自动回到我大脑中了。"珍妮弗笑了，"那个捐款人将他的捐赠翻了一倍，现在他们都想让我加入筹款委员会。"

珍妮弗有生以来第一次有了真实的自我感。"我比以往感受到了更多的自我。"不过，她也注意到了一个奇怪的矛盾之处，"我在用我自己的声音说话，但同时感觉好像有另一个声音在通过我说话。这怎么可能呢？"

正如我们所说，"自我表达的力量"通过你的影子出现。但这股更高动力有一个奇妙之处：它以一种对你而言独一无二的方式通过你来说话。它给了每个人独特的声音，然而，我们所有的声音都来自同一个终极源头。这就是为什么真正的自我表达感觉像是来自别处，同时又让你变得更像你自己。

珍妮弗一直觉得把话大声说出来让她很不舒服，因为这可能会暴露最令她感到羞耻的影子。现在情况反转了：畅所欲言是一个让自己变得完整的机会。正如她所说："我想，如果我不能表达出来，那我甚至会找不到真正的自我。"

的确如此。

事实上，古人认为自我表达是宇宙的基本特质。在《旧约·创世记》中，神被描绘成一个表达自我的存在。神说要有光，光就被创造出来；神说，让大地长出花草和树木，花草和树木就长了出来。

所以，当你表达自己的时候，你和宇宙最为和谐一致，你会觉得你属于它。对珍妮弗来说，这意味着她不再质疑自己生而为人的价值，她不再是个低人一等、无话可说的局外人。

她也开始体验到自己是社群的一分子。她发现人们尊重她，并征求她的意见。正是影子使她对其他人产生了这种新的影响。

影子使人与人之间建立真正的联结成为可能，因为它是我们所有人共同拥有的一部分。如果没有它，我们就会夸大自己与他人的不同，我们会觉得自己与他人是隔绝的。只有当我们利用影子创造一种共通的纽带时，不同的个人、宗教和国家之间建立的关系才可能发挥实质性作用。这样做会让我们处于一种状态，在这种状态下，即使是对手也能够承认彼此人性的存在。只有这样，我们才能享受不同的自由，并且仍然共存。

这种友好关系的存在是有可能的，因为影子的表达工具是全人类共同的语言——心灵语言，而不是任何一种文字。因为你有自己的影子，所以你已经会说这门语言了。好比你的两个朋友可能会说出一模一样的话表示对你的支持，但你可以分辨出谁才是真正的感同身受，谁又是漠不关心或者有些不耐烦。因为其中一个朋友是用心说出的话，而另一个却不是。

这种心灵语言在《圣经》巴别塔的故事中有所体现。故事描绘了一个早期的人类族群，他们说着"单一的语言"，过着统一的生活。

这个统一状态本是上天的馈赠，但这些古人错误地利用了它。他们提议建一座通天塔来展示他们的力量。上帝挫败了他们的野心，"混淆了他们的语言，使他们无法再听懂对方的话……并将他们发配至地球的各个角落"。对这个故事的普遍解读是，它描绘了不同语种的起源，但其实它还有更深层次的含义：即使是说着同一种语言的人也不再能相互理解，因为他们已经失去了心灵的共同语言。

现在的我们，便是这种间离状态的最终产物，我们的生活因此变得糟糕。我们失去了心灵的共同语言，随之也失去了对包罗万象的人类共同体的感知。我们不再觉得人类是一个共同的团队，也不再认为我们有责任去做一些比我们自身更加高远的事。有的政府官员觉得没有义务将公共利益置于自己的利益之上；有的离婚律师为了获得更高的代理费而故意挑起夫妻矛盾；有的医生为了保护自己而让患者进行不必要的检查。公共话语沦为一个毫无遮拦的区域，在那里，不管是对手的爱国情怀、外貌还是其私生活，都不再是禁忌话题。

但我们有机会治愈这一切。通过共同的语言，我们可以和仍然活在影子中的人进行沟通。这个理念让珍妮弗有生以来第一次感受到自己对他人产生影响是什么感觉，这令她兴奋不已。在整个社会中，我们容易把影响力和位高权重的重要人物联系在一起。正如珍妮弗所说："我认为必须出名才能产生影响力。"这种假设的存在是可以理解的，但它却是一种代价高昂的误解。这意味着我们忽略了那些普通而又寻常的激励、联结及鼓舞他人的机会。你可以利用"内在权威"成为身边人的积极力量——激励你的孩子自律，或者和一位孤独的长辈取得联系，甚至给偶遇的陌生人带去一丝轻松。

关于影响力的另一种误解是，你只有通过支配他人才能对他们产生真正的影响，而同情他人的感受往往被视为软弱的表现。正如珍妮弗曾冷冷地开玩笑说道："我父亲只会用一种方式来行使他的权威——使用皮带。"这样的领导力会滋生恐惧和憎恨，最终又反过来削弱领导力本身。

有一种方法可以使你在不引起恐惧和怨恨的情况下成为一名强

大的领导者。如果你的权威建立在影子的基础上，你就可以随时知晓他人的感受。当人们感到自己被理解时，他们即使不完全同意你的说法，也会愿意按你所说的去做——这就是利用同理心增强你的权威。无论在什么情况下，不管是在你的朋友、家人还是团队当中，这都是真的。事实上，即使是大型企业也认识到了尊重他人观点的价值——它能建立真正持久的团队合作。

我们将珍妮弗开始体验的社群称为"社交矩阵"。这是一个相互联系的人类网络，能够产生任何其他方式都无法产生的治愈能量。我们感觉到的彼此的联系越紧密，我们就越快乐。甚至有研究表明，有社群感的人寿命更长，身心更健康。

此外，唤醒影子还有更深层次的好处——解决人类面临的根本问题的方法就隐藏在这个巨大的社交矩阵的动态中。这个问题是：我们如何在不牺牲个人自由的情况下保持团结？答案就在影子里。它承载着我们内在自我的独特个性，但又活在一个与每个人的影子相连的空间里。但是，除非每个人都承担起唤醒我们的影子的个人责任，否则这个问题的真正解决仍然只是一种潜在的可能性。我们如果不能做出正确的选择，就将缓缓地坠入一个原始的、充满暴力的地狱，哲学家托马斯·霍布斯[①]恰如其分地称之为"所有人对所有人的战争"。

[①] 托马斯·霍布斯（Thomas Hobbes），英国政治家、哲学家。他提出"自然状态"和国家起源说，指出"国家"是人们为了遵守"自然法"而订立契约所形成的。——编者注

常见问题

问题一：我能感知我的影子的存在，但我看不见它。

这并不少见。有些人的视觉敏锐度稍低一些，如果你看不见你的影子，那就练习感觉它在你面前。然后，当你使用"内在权威"时，将你的注意力指向影子所在之处。它最初只是个观念上的存在，随着时间的推移，它会呈现一种看得见的视觉形式。

有些人的问题则刚好相反。他们可以看到自己的影子，但它似乎又不是真实的存在，看起来像一个简笔小人或卡通人物。根据我们的经验，重复练习便可以解决这个问题。即使感觉并不真实，你也仍然要把这个图像看成真的，最终它就会成真。

问题二：我在闭上眼睛的时候能看见我的影子，但一睁开眼，以及站在人群面前的时候，我就看不见它了。

这同样是一个常见问题。你需要慢慢适应——用肉眼看到观众的同时，你要在想象中看到自己的影子。事实上，每个人都知道如何做到这一点——每当你沉浸在一部精彩的小说中时，你的眼睛在浏览书页上的文字，但在你的想象中，书中的人物和他们所在的场景都会栩栩如生地出现。

当你使用"内在权威"时，你也会培养出同样的能力。随着反复地练习，睁开眼睛时能看见自己的影子就会成为自然反应。

问题三：专注于影子不会让我和观众们截然分开，把我置于自己的世界吗？

实际上恰恰相反。与你的影子紧密相连的感觉会给你一种内在的自信，消除你对观众的恐惧，这样你就可以自由地与他们联结在一起。当试图隐藏自己的影子时，你才会开始害怕观众，这才是让你陷入自己的世界的原因。

基于心理治疗的实践，菲尔和我都经常在给求询者的治疗过程中看到我们的影子，但他们从未指责过我们看起来心不在焉、注意力不集中或沉浸在另一个世界。

问题四：这种练习会导致我人格分裂吗？

"人格分裂"一词对心理健康从业人员来说有着特定的含义。对他们而言，这意味着严重的心理问题，已经超出了本书的讨论范围。

但是，当一个普通读者问"内在权威"是否会让他"人格分裂"时，他的意思是不同的。他是在担心体内存在第二自我这件事不太对劲，觉得跟它说话很不自在，害怕那样做会让自己变得疯狂。

但事实恰恰相反。每个人都有一个影子，真正疯狂的是否认它的存在，因为那样你就忽略了整个内在自我。当你拥抱影子的时候，这实际上是一种极大的解脱。更棒的是，你正走在一条开发以前从未有过的力量的道路上。

当你开始这个过程时，不要因为担心自己会出现什么问题而却步。如果能坚持几个星期，你就会有截然相反的感觉——你的头脑更加清楚了。

问题五：与自己建立联结的影子会对我有不良影响吗？在生命中有段时间，我变得像我的影子，但那段经历并不好，于是我就向自己最差劲的习性屈服了。

这几乎是对"内在权威"最普遍的反对意见。影子令我们反感，我们担心与它互动得越多，我们就会变得越像它。

这种恐惧是可以理解的。大多数人都记得人生中那段陷入困境的时光，影子完全压倒了他们。一般来说，在这个时间段里，你远离了世界，变得无精打采，感到自卑或漫无目的，就像迷失了方向，你也可能过度沉溺于食物或酒精。任何事情都可能引发这种状态，比如遭遇拒绝、挫折，但还有很多时候，它只是没来由地出现在你身上。人们第一次经历这种情况往往是在青春期，但它随时都可能发生。

在这些时候，你变成了你的影子——它劫持了你的生活。

当这种情况发生时，大多数人都不知道还有其他选择。菲尔认为，荣格意识到了影子中的积极潜力，但并未开发出一种可靠而实用的方法将其发挥出来。要做到这一点，需要想办法与你的影子合作，而不是成为它。这就是"内在权威"的切入点：它让你的影子成为你的伙伴。当影子成为你的伙伴时，它的本质就会改变。只有这样，它才会成为自由、自发的自我表达的源泉。没有"内在权威"这项工具，影子只不过是你所有差劲习性的集合而已。

你如果坚持使用"内在权威"，就会与影子建立一种持续的关系，我们可以把它看成一种伙伴关系，双方互相提供对方所不能提供的东西。影子给你带来了热情地表达自我的能力，这是你自己做不到的；你给影子带来了它需要、却不能提供给自己的东西——对它力量的承认。每次你选择使用"内在权威"这项工具的时候，你都承认了影子的力量。

当你把这些能量聚集在一起时，你最终就会得到一个大于各部分之和的结果。也许看起来很奇怪，但"最好的你"——最高形式的你，只有在你与你的影子持续合作时才会出现，这就是"高我"（Higher Self）一词的真正含义。它的秘密在于，高我是两个对立面——你和你的影子——的结合。

如果这种伙伴关系破裂，或者从来没有形成过，你最终就会处于一种不平衡的状态：一方面，影子会"接管"你，让你不知所措，产生自卑、软弱和沮丧的倾向；另一方面，你完全驱逐了影子，过着肤浅的生活，渴望别人的认可，又无法深刻地表达自己。你从一个极端摇摆至另一个极端，从来没有把两个部分放在一起，这种情况很常见。可悲的是，大多数人以为这是他们仅有的两个选择。

但是，与影子建立平衡关系并不是在这两种情况中二选一，它是一个过程。你需要一直努力维护和影子的伙伴关系。"内在权威"就是让你做到这一点的关键。

问题六：如果我的影子看起来很愤怒、具有破坏性，或充满恨意，那我该如何与它合作呢？

记住，影子是你不想成为的一切事物的集合体。在这一章，我们讨论的是它最常见的表现形式：自卑的影子。当我们试图在别人面前表达自己时，自卑和不安全感是最常见的感觉。

但我们不想成为的还有另外一种：我们不希望自己是"坏的"或"邪恶的"。我们所说的"邪恶"，是指你为了一己私利而冲动行事，不去考虑任何阻碍你的人或事，这通常表现为自私、贪婪；当你的目标受挫时，则表现为仇恨或破坏性的愤怒。这些特质构成了第二种影子：邪恶的影子。事实上，有一个邪恶的影子并不意味着你就是邪恶的，就好像有一个自卑的影子并不意味你就低人一等。邪恶的影子是每个人的一部分，关键在于，它在社会上是不被接受的，因此我们不愿意承认它的存在。

如果你的影子主要呈现为邪恶的形态，那你当然可以用我们描述过的方法，即以使用自卑的影子的相同方式来使用它。这不仅有效，而且对许多人来说，还将是他们第一次建设性地运用邪恶的影子。

问题七：我读过荣格的作品，它们让我大开眼界。但你对影子概念的运用与传统的荣格疗法有很大的不同，这是为什么？

我想说清楚的是，荣格的作品代表了一项不朽的突破，他不仅拓展了对人类潜意识中存在什么的概念性认知，还开发了一种大胆的新方式来与之合作。当来自潜意识的形象出现时，荣格会鼓励治疗对象与之互动，而不是对它们进行理性分析。他将这种互动称为"积极想象"。他的目标是将这些形象——包括影子——融入治疗对象对自己的感知，使他们变得完整。他将这种状态称为"原型自我"（self）。

这是一种卓有成效的方法，远远超越了当时已有的心理治疗法，唯一的问题是它有时可能指向不明确，这一点在涉及影子整合时尤其明显。求询者需要明确的指示才能获得影子的巨大力量，并将其带入他们的日常生活。这件事太重要了，不能顺其自然。菲尔已经迈出了新的一步，并开发了一种可靠的方式——通过一套工具来建立这种联系，在你最需要的时候发挥影子的力量。

这些工具利用了这样一个事实：影子是一个独立的存在，具有自己的敏感度和世界观。它需要并值得你付出像经营和另一个人的关系一样的注意力。通过运用"积极想象"，荣格迈出了培养这种关系的辉煌的第一步。

但还是有个问题：生活中的诸多事件分散了我们对内心世界的注意力，切断了我们与影子的联系。菲尔觉得利用相同的事件来加深与影子的关系是可能的，在观众面前"冻结"就是这样的事件。"内在权威"使影子成为问题的解决方案，对这项工具的使用，加强了你与影子之间的联结。承认影子存在的最为深刻的方式，就是让它每时每刻都作为你生活中的一部分。

"内在权威"的其他用途

"内在权威"可以让你克服一开始的羞怯，尤其是在你爱慕的人身边。许多人其实能在亲密关系中付出很多，但他们从来不给自己进入一段亲密关系的机会，因为结识新朋友这件事实在太可怕了。获得最多恋爱机会的人，往往不是那些能成为最佳伴侣的人，而是最愿意主动出击的人。

吉姆一直以来饱受羞怯之苦。他觉得结识新朋友是件讨厌的事，社交活动很可怕，而接触异性最让他无所适从。看到他高大、英俊的外形和明显的敏感细腻的性格，女性往往会给他接近她们的机会，但他每次都会"冻结"。由于不自在，他只能勉强露出似笑非笑的苍白表情。她们会把这个反应误解为傲慢或对她们毫无兴趣，于是就会采取防御的姿态，这只会让他更难为情。当吉姆刚开始在他的影子上下功夫时，他看到自己的影子就像一只丑陋的怪兽，但清楚地看到它，对他而言也是一种解脱。他开始独自练习使用"内在权威"，甚至在镜子前面练习，这对他来说是向前迈了一大步。当他这样做的时候，他惊讶地发现这是他第一次做到直视自己。以此为起点，他开始在商店老板和路人身上练习"内在权威"，因为这样做的风险比较小。几个月后，他在和女性说话的时候便不会再"冻结"，很快他就有了社交生活。

"内在权威"让你表达自己的需求和脆弱。许多人，尤其是男性，习惯躲在表象背后，宣称自己的生活都在掌控之中，不需要别人的任何帮助。但生活有办法打破这一表象，把人们置于必须寻求帮助的境地。于是，那些无法开口寻求帮助的人可能会失去一切。

哈罗德是个成功的房地产开发商，非常自大，经常承接高财务风险的大型项目。经济景气的时候，这种生财方式是管用的。他过着奢靡浮华的生活，只有当他成为众人关注的焦点，在别人面前摆出架子时，他才会有安全感。后来，房地产行业不景气了，银行催促他还清贷款。没有了钱，他发现自己没几个朋友了。为了避免破产，他不得不向父亲求助。他的父亲也从事房地产行业，但为人谦逊而保守，因此有大量积蓄。哈罗德过去曾因为超越了父亲而感到自豪，向父亲要钱，无疑会打破他是个"大人物"的表象。"内在权威"使他能够与自己真正的内在自我进行沟通，教会他即便没有那样的表象，他也能生活。在多次练习之后，他终于能够开口向父亲求助。"这是打从小时候起，我第一次诚实地面对自己。"哈罗德说。他的举动赢得了父亲的尊重。通过在每次和父亲交谈的时候使用"内在权威"这项工具，哈罗德从此与父亲之间有了真诚的关系。

"内在权威"让你带着更多感情与你所爱的人建立联结。你沟通的方式，特别是你表达出的情感，比你说出的语言更重要。当你不带感情地说话时，你不可能对他人产生足够的影响，进而与他们建立真正的联结。

乔是一位很有成就的放射科医生，其他的医生会找他来诊断他们的病人。他做事一丝不苟，总是会注意到被别的医生忽略的东西。他在与电脑图像打交道时比在和人相处时感觉更自在——作为放射科医生，这一点是可以接受的，但作为父亲就不行了。乔的大女儿13岁时，变得不愿意花时间和他相处。他很受伤，但当他问女儿这是怎么回事时，女儿却气冲冲地走出了房间。她告诉母亲，她的父亲不喜欢她，而且是个书呆子。当她第一次穿上成年人的礼服时，他只是面无表情地盯着她。他机械地试图告诉女儿他很爱她，以此来进行弥补，但女儿却无动于衷。妻子告诉他，他缺的不是言语，而是感情。感情对他来说一直是个谜，直到他遇到了他的影子。它包含了他不熟悉的所有情感。于是，他开始在每次和女儿对话的时候运用"内在权威"，对它给父女关系带来的影响深感震惊。随着他们的关系越来越近，女儿开始充满自信，因为她知道她的父亲爱她。

"内在权威"不光能在演讲方面，也能在写作过程中激发更高动力。 当作家对他们在努力之后取得的回报比对创作过程更感兴趣时，他们就会文思枯竭。通常，他们会试图让自己的作品变得完美，并在失败的时候严厉地批评自己。

朱莉喜欢写剧本，想知道自己能否以此为业。令她惊讶的是，她提交的第一份作品就被买下并拍成了一部广受好评的电影。然后，她拿到了一大笔钱，要为一位著名导演写剧本。现在，要拿出和第一部剧本一样好的作品让她备感压力，写作便不再是件有趣的事了。朱莉不相信直觉，而是纠结于到底什么内容才能取悦观众。她对自己写出的任何东西都异常挑剔，自我攻击太过凶猛，导致她完全不想再写作了。唯一的解决之道，就是重新联结她内心纯粹热爱写作的那部分，也就是她的影子。在写作过程中，她通过运用"内在权威"做到了这一点。她把工具用在任何她想象中会读到这部剧本的人身上，当她开始攻击自己时，她对使用工具尤为小心。"内在权威"为她的写作带来了"自我表达的力量"这一更高动力，她不再害怕他人对她作品的看法，写作重新变得有趣了。

"内在权威"概要

一、这项工具的用途是什么？

在令人害怕的情形中，当你发现很难表达自己，甚至难以与他人建立联结时，你会"冻结"，变得像木头一样僵硬，无法自然、自发地表达自己。这背后隐藏的是一种非理性的不安全感。这项工具可以让你克服不安全感，做回你自己。

二、你要对抗的是什么？

不安全感是一个普遍存在但被严重误解的人类特质。我们自认为知道是什么让我们产生了不安全感——外貌、受教育水平或社会经济地位。事实上，我们内心深处的某种东西是所有不安全感的根源。它被称为"影子"，是我们身上所有负面特质的化身，我们非常害怕有人会看到它。结果，我们花费大量的精力把它藏匿起来，这使得我们无法成为自己。这项工具给我们提供了一种处理影子问题的新方法。

三、使用这项工具的提示

1. 每当你感受到"表现焦虑"的时候。这种焦虑可能由社交活动、与他人的对立、在公开场合发表演说等情形触发。
2. 在事件开始前和事件进行的过程中使用这项工具。
3. 另一个不太明显的提示是，当你预想一件即将发生的事并为之担忧的时候。

四、工具的具体使用方法

1. 站在观众面前，看到你的影子站在一旁，面对着你（就算观众是想象出来的或仅有一人，它也同样有效）。完全忽略观众，把你所有的注意力都集中在影子上，感受你们之间存在着牢不可破的纽带——当你们融为一体时，你无所畏惧。
2. 你和影子一起强有力地转向观众，无声地命令他们："听着！"感受当你和影子用同一个声音说话时出现的权威。

五、你正在使用的更高动力

"自我表达的力量"让我们以真实、真诚的方式展示自己，而不需要在意别人的认可。它带着不同寻常的清晰度和权威性通过我们来说话，它也能以非言语方式表达自己，比如当运动员进入状态时。在成年人身上，这股力量会被藏在影子里。通过将你和你的影子联结，"内在权威"这项工具使你能够挖掘出这股力量，并让它流经你的全身。

05

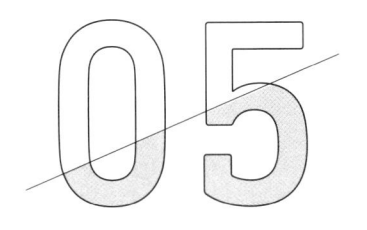

工具四：
感恩之流

每当你被负面思维攻击时，请立即使用这项工具。

当你的心中充满担忧、自我憎恨或任何其他形式的负面想法时，你就被乌云吞没了。它限制了你的生活，剥夺了你所爱的人对你最好的一面。生活变成了一场事关生死存亡的斗争，而不是宏大愿景的实现过程。

伊丽莎白是我近期的求询者,她一整夜都在担心。"我请了全家人明天来过感恩节,但我敢肯定火鸡会烤失败。"她一边说一边使劲扭绞着自己的手,我都怕她把手上的皮揪下来。

"你已经开始烤了吗?"我问。

"没有,但上次表弟在吃了我做的火鸡后食物中毒了。"

她用恳求的眼神看了我一会儿,我还没来得及说一句话,她的焦虑心思就转移到了其他急事上:一位远房表亲刚刚宣布他要再带一位客人来——这会增加伊丽莎白的劳动量;她的侄子麸质不耐受,不能吃任何火鸡的填料;怎么让政治立场相左的父亲和他的兄弟坐得远一些,也要让父亲离自己那个情感脆弱的表妹远一点儿,因为他总是冒犯她。

伊丽莎白的担忧源源不断地倾泻而出,仿佛她在与世界末日赛跑。我一度无法专心听她说话,反倒窥见了她的内心世界——一个地狱般的地方,持续不断的阴暗想法将她束缚在厄运之网中。我为她感到难过。"我了解你感受到了多大的压力,"我小心翼翼地安慰她,"但我怀疑事情没有你想的那么可怕。"

"你和我丈夫说的一样,"她回击道,"他说得轻巧,因为他只知道喝酒和准时收看球赛。"

在整个咨询过程中,我感觉大多数时候自己说的话没有对她起什么作用,但令我惊讶的是,伊丽莎白在咨询结束的时候对我表示感谢,并保证下周还会来。下次咨询开始时,我先问了她感恩节过得如何,但她不屑一顾地挥了挥手。现在,她的心思又被新的危机占据了:她认为腿上的皮疹是得了红斑狼疮的症状。

伊丽莎白总是在担心某件事,比如担心车子在发动时发出的奇怪声响,担心头痛一定是脑瘤引起的。担忧是她生活的焦点。

她也有过一段无忧无虑的时光。在学校的时候,伊丽莎白一直成绩优异,以近乎完美的成绩拿到了心理学硕士学位。毕业的时候,她已经婚育,必须进入职场赚钱养家。

经过一番寻觅,她在一所社区大学找到了一份辅导员的工作。虽然薪酬不高,但她非常适合这份工作——专业技能熟练,也非常关心学生——但也许过于关心了。

因为工作量很大,她无法给予每个学生她认为他们需要的关照,但她总是花时间担心他们。这个学生是不是选对了课程?那个学生是不是情绪抑郁,而她没能帮他一把?她该不该周六去加班,赶赶进度?但这样一来,她哪儿还有时间和自己的女儿相处呢?抛开这些可怕的想法,在过去的14年中,她的确是一位受人爱戴的辅导员,也顺便摆脱了另一种恐惧——被解雇。

我问她,长期和她的诸多恐惧生活在一起,她的丈夫有什么感受。"有时候他会笑我,但通常他的目光都是呆呆的。"伊丽莎白坦承道。然而,最近他也受不了了。前阵子,女儿的学校要开家长会,但他们夫妇二人因为工作原因都无法前往。晚餐时,伊丽莎白不停地说这件事,把自己逼到了恐慌的边缘。这时,丈夫突然爆发了,生气地说:"这些都只不过是很寻常的问题,但你表现得好像我们整个生活都乱套了!"

"你怎么看他说的这些?"我问道。

她眼里噙满泪水:"我知道他是对的。我的焦虑让身边的人都很难受。但试想一下,这对我来说又是一种什么感受呢?"

乌云

伊丽莎白神情恍惚,仿佛人生即将分崩离析。实际上,她的生活相当稳定,在某些关键的方面,她甚至很幸运。她的丈夫是一名获得过勋章的警官,业余时间充裕,几乎不可能失业。他全身心地照顾着她和女儿,活着的目的就是为了确保她们的安全和舒适。他和伊丽莎白都不在乎生活是否奢华,在物质层面,他们已经拥有了所需的一切。但无论他多么贴心照料,她仍然觉得生活中有一连串她必须独自面对的灾难。

无论她的恐惧理由有多么牵强,这种感觉对她来说都是真实的,因为她活在自己创造的世界里。在某种程度上,我们都是这样的。我们愿意相信自己在对现实世界做出反应,但其实我们回应的是存在于脑海中的世界。这个内心世界非常强大,它压制了我们看清事实的能力。在《失乐园》中，约翰·弥尔顿这样写道："心灵自有归属，天堂地狱只在一念之间。"

我想让伊丽莎白明白这个内心世界是如何运作的。我让她闭上眼睛，重新回想她最近一次焦虑的事。"我听到一则广播，说极地冰盖融化……我在考虑我们应该搬到内陆，到地势更高的地方去。"我让她将具体的忧虑暂放一边，看看她能否感觉到忧虑背后有些什么。

她睁开眼睛，大为惊讶："我感到沉重的黑暗包围着我，就像一片厄运之云。"我让她在另一件忧虑的事上运用同样的方式，比如她女儿能否按时提交大学申请。她试了试，令她惊讶的是，她感觉到一模一样的黑暗包围着自己。

我们称这种存在为"乌云"。当你无休止地担心时，不管你担心的是什么，你都在制造一种负能量，它像一团乌云一样笼罩着你。乌云屏蔽了一切正面的东西，创造一种末日即将到来的感觉，无论是自然灾害、疾病还是人为错误带来的这种感觉，都没什么差别。

伊丽莎白是个极端的例子，说明了乌云的支配力有多么强大。它的力量并不来自其预测结果的真实性——它们几乎总是错的。乌云以一种更为原始的方式支配着我们——通过"重复"所产生的力量。如果你重复做某件事的次数够多，它就会成为一个有生命力的习惯，你会自然而然地去做，不做反而不习惯。

你也可以体验到自己的"乌云"。从一件你通常会去担忧的事开始，可能是你的工作，可能是老惹事的孩子，可能是生病的父母。

> 闭上眼睛，重新制造焦虑的念头并紧张地重复它们，就像你在现实生活中所做的那样。一开始，这可能让人感觉很不自然，但如果坚持下去，这些想法的势头就会不断增大，并拥有自己的生命。现在，把注意力放在这些想法创造的内在状态上。你有什么感觉？

你刚刚体验到的是乌云的温和版本。当它发生在现实生活中时，它会更加黑暗、更有压迫感。乌云遮盖了一切正面的事物，让你确信只有负面事物才是真实的。图 5.1 描绘了乌云是如何运作的。

图 5.1 乌云的运作方式

乌云的上方是太阳，是正面事物的普遍象征，它代表世界上所有正确的东西。我们把乌云画成一块无法穿透的遮盖物，它将积极的事物都挡住了。太阳依然在散发光芒，但对乌云下的人来说，它并不存在。没有喜悦,只有负面情绪。他被自己的想法创造的沉重黑暗世界压垮。这样的生活方式将使人付出巨大的代价。

对被乌云压垮的人来说,不可能有内心的宁静。

负面思维的代价

对大多数人来说,内心的宁静是一种珍贵的感觉,它会让你感觉所有事物都处在对的位置,"一切都很好"。在转瞬即逝的瞬间,你一定有过这样的感受——每个人都有过——你感受到一种内在的平静,一种你与万物和谐共存的状态。

乌云会摧毁这种平静,在它的魔咒之下,你能看到的就只有这个世界不对劲的地方。任何一种负面想法——绝望、自我憎恨、批判等——都可以做到这一点,但担忧是最为严重的一种。

没有了内心的宁静,一切事物都变成了危机。一旦你将所有精力都放在如何生存下去上,享受生活就成了无法负担的奢侈品。伊丽莎白无法坐下来读一本好书、看一部电影或是和朋友吃一顿午餐,因为总是有可怕的问题占据她的注意力。有一天,她筋疲力尽地看着我,承认道:"我都记不清上一次我真正感到快乐是什么时候了。"

这种长期处于危机中的生活模式让人痛苦地纠结着:在乌云里,每一个问题都生死攸关,但除了你,没有人能看到这一点。你不相信任何人能对你的问题有所帮助,因为没有人像你一样把事情看得这么严重。你感到不堪重负、孤立无援。

伊丽莎白已经到了不能信赖丈夫的地步,她来咨询的时候已经疲惫不堪。"我累得快要站不住了，"她抱怨道，"我不知道今天还怎么洗衣服。"

我很困惑："我以为你丈夫会帮你做些家务。"

"我已经不再要他帮忙了。他叠衣服的方法不对，还不如我自己做容易。"

她的丈夫已经因她夸张的恐惧感到沮丧了，这样的态度只会让他更加疏远她。没有人愿意觉得自己没用。朋友们也同她渐行渐远，因为她没有时间留给他们。

幸运的是，当伊丽莎白开始心理治疗时，有件事——和她的女儿有关——给了她所需要的冲击。伊丽莎白修订了女儿申请大学的文书，告知她申请的截止日期，甚至帮她贴好邮票，在信封上写好地址。因此，当女儿指责她"自私又唠叨"时，伊丽莎白震惊不已。等她们都冷静下来之后，女儿解释道："我很抱歉那样说您，但您要知道，大多数时候我觉得您那么做并不是为了我，而是为了应对您对我上大学这件事的焦虑。"

对伊丽莎白来说，这是个转折点。她再也无法否认，乌云将她强烈的母性扭曲成了女儿的沉重负担。如果它能破坏父母的教养方式，那它就能破坏一切事物。因此，她决心摆脱乌云。

但这比她的预想更难。

为什么负面思维如此强大？

我们可以轻易改变自己的思维模式，这种想法很诱人。毕竟，

"为什么我们不能就用正面的想法去替代每一个负面的念头呢？"这种理念一直是美国文化的一部分，并在《正面思考的力量》(*The Power of Positive Thinking*)一书中集中呈现。不幸的是，这些观念看似可行，但实际上并不奏效，原因就在于，现实生活中正面思维产生的能量远远不及负面思维。

当一位朋友送给伊丽莎白一本关于这个主题的书时，她自己也发现了这一点。"连续三天我都试着积极地思考，"她皱了皱眉，"但我在每次试的时候都觉得，明明身边危机四伏却要假装一切安好，简直是愚蠢。我不知道为什么他们把这个称为'正面思考的力量'，明明负面思维才拥有全部的力量。"

这是什么力量？为了找出答案，我让她闭上眼睛，想象一连串让她担忧的事。她点点头。"现在让你的头脑放松一下，好像你已经失去了忧虑的能力。那是什么感觉？"

伊丽莎白退缩了一下："我觉得自己放松了一会儿，然后……感觉就像失去了对一切事情的控制力。"

"好。现在把担忧重新引入这种失控的感觉。感受如何？""事实上……感觉好点儿了。"她睁开了眼睛，"当我忧心忡忡的时候，不知怎的，我总觉得自己似乎能抵挡不好的事情。这让我想起我还是个小女孩的时候，我会彻夜不眠，想象如果我的父母分开了会有多可怕。这好像成了一种仪式。我真的相信，只要我担心这件事，它就不会发生。"

"但你的父母还是分开了。你的担忧并没有用，你却还是坚持这样做。"

"我猜，我怕的是如果停止担忧，那些坏事就会真的发生。"

本质上，担忧已经变成了一种强大的迷信，并不能带来任何实质性的好处。但迷信有一种强有力的吸引力，因为它给我们一种神奇的感觉，让我们以为自己可以影响未来。当然，这只是一种错觉，生活中绝大部分事情都超出了我们的预测能力，更谈不上掌控它们了。不管是野餐时突然淋雨，还是心脏病突然发作，任何事情都有可能在任何时候发生。尽管如此，我们仍然坚信自己可以控制住那些不可控的事物。

为什么？

因为我们从未质疑过一个有关宇宙的基本假设：我们假设（因为科学是这样说的），宇宙对我们毫不在意。如果仅仅针对我们身边所见的现象而言，这是一个合理的结论。但这个假设让我们觉得，身处一个对我们漠不关心的宇宙是很孤独的。因为感觉自己当下得不到很好的照料，我们便痴迷于掌控自己的未来。在这种情况下，担忧似乎是有道理的。

但是，如果在看不见的层面，宇宙对我们的福祉很感兴趣，并以大大小小的方式支持着我们呢？要感知这一点并不难，可以从你的躯体开始：它从空气中吸取氧气，消化复杂的食物，让你能够奇迹般地看得见、听得到。这一切都运行良好，即便你不了解这是如何实现的。还有更多的例子：地球为我们提供食物、氧气，为我们提供创造一切事物的原材料。这些只是宇宙维持我们生存的无数方式中的几个例子。

我把这些告诉伊丽莎白，她说："其他人也是这么跟我说的，但我就是感觉不到。"她不是特例。大多数人都不能自然、真切地感受到宇宙施予的恩惠。幸运的是，有一种方法可以让任何人都体验到宇宙对我们无尽的慷慨给予。

更高动力：感恩

早年间，菲尔经历过一件事，这使他以全新的方式体验了宇宙。最后，这段经历让他也能引导他人体验相同的事。下面是他的叙述。

- **菲尔篇**

  我在第一章提到过，我 9 岁那年，我的弟弟死于一种罕见的癌症。从那以后，我的家庭就无助地等待着另一个灾难降临。谁会是下一个？然后，当我 14 岁时，每晚睡觉的时候，我都会感到不明原因的头痛，就像有把刀刺穿了我的头骨。我的第一反应是我得了脑瘤。几个星期后，我的恐惧加剧了，为了使父母免于担心，我没有说出来。但后来实在太痛，我就告诉了他们。他们吓坏了，立刻送我去做了全面的健康检查。
  当所有的检查结果都是阴性的时候，我知道我没事了，但我不知道的是，我对生命的体验将被永久改变。
  在这次考验出现之前，我人生中最有意义的事情是打篮球。那时，最好的比赛都在基督教青年会举行，但要到达那里，我必须乘坐公交车穿过曼哈顿的一个破败的地方，那里的街头巷尾都充斥着娼妓和毒贩。像每个土生土长的纽约人一样，我面对危险的方式就是直视前方，对周围发生的一切置之不理。在距离目的地还有几个街区时，我到达了一个已被夷为平地、即将大兴土木的区域，心里着实松了口气。

我记得，在确认检查结果后的第一天晚上，我上了一辆公交车。它沿着往常的线路摇摇晃晃地经过那片"人间地狱"，街道上照常回荡着叫喊声和警报声，空气中仍然弥漫着垃圾的臭味。但是，我本以为自己再也没有机会坐这趟车了，那一刻，我反而对它有了全新的体验，每种感觉都像是奇迹。某样东西让我重新踏上了这趟旅程，也把我的余生还给了我，我的内心充满感激之情。

菲尔的体验是如此强烈，它迫使他以不同的眼光看待一切事物。某一刻，他上了一辆肮脏的公交车；下一刻，一切都被还给了他。他见证了一股慷慨给予的力量。

我们称这种力量为"源头"。尽管菲尔只在一个短暂的瞬间体验到了这种力量，但它其实一直都在。它创造了你能看到的一切，最神奇的是，它创造了生命，并与它创造的所有生物保持着密切的联系，也包括你。过去，它给了你生命；现在，它供养着你。它的创造力让你的未来充满无限的可能性。

一旦你能辨认出被给予的一切，你就会感觉自己与源头建立了联结。这样一来，你就不再孤单，你对担心的需求也就减少了。

当我向伊丽莎白解释这一切时,她似乎将信将疑:"我一直羡慕那些相信你所说的话的人,你的话似乎真的很抚慰人心,但我实在很怀疑。我的意思是,你怎么能确定这个'源头'真的存在呢?"

这是个很好的问题。通常,要相信某件事物的存在,我们必须亲眼见到它(或者用其他的生理感官感知它)。

问题是源头不在物质世界中,它存在于一个五种感官都无法感知的精神世界。要体验到源头,我们需要运用一种新的感知能力,而菲尔的故事揭示了这种感知能力的本质。突然间,他意识到生命被交还给自己,他的内心充满感激。正是这种感恩意识——而不是任何他看到或听到的事物——让他与慷慨给予的源头建立了联结。

在某个层面上,"感恩"是菲尔对源头的慷慨做出的反应;在更深的层次上,感恩是他感知源头的方式。把"感恩"视作一种感知方式而不仅仅是一种情绪反应,乍一看似乎很奇怪。但是,通过练习,你会发现"感恩"可以清晰地感知精神世界,就像眼睛和耳朵可以清晰地感知物质世界一样。

这使"感恩"比那些单纯的情感重要得多,"感恩"成了一种更高动力。一般说来,更高动力能让你做到你从未想过自己能做到的事,在这种情况下,"感恩"使你能感知你从未想过自己可以感知的事物。简而言之,"感恩"是一种更高级的感知器官,通过它,你可准确地领会一个基本真理:宇宙神秘地运转着,而你持续受益于它的慷慨馈赠。从出生到死亡,源头无时无刻不在支持着你。你对这段关系心存感激并非出于礼仪,而是因为它是你的一种感知现实的全新方式。

工具:感恩之流

生活中有些时候,源头是如此强有力地让我们知道它的存在,以至于我们不必太过费力就能感受到感激之情。对你来说,这可能发生在星空下露营时,或者你的孩子出生时。真正让这些时刻如此特别的是,你深刻地感受到了某样东西正在被赠予你,那是你无法自行创造的事物。回想你的生命中发生这种情形的时刻,闭上眼睛,重现这个经历。

> 想象那时你周围发生的一切,专注于当时你感受到的感恩之情。现在,将那份"感恩"与一股难以想象的慷慨力量联结起来。

许多人都像这样体验过源头,但无论我们有多么强烈的感受,它都只发生在某些很少能再现的特殊情况下。如果你真的想战胜你的负面思维,你就需要在任何时候、任何情况下都接触源头,而唯一的方法就是激活你随心所欲地感知感激之情的能力,即感恩意识。

下面是唤醒感恩意识的工具。

> **"感恩之流"使用方法**
>
> 1. 在生活中挑出可以感恩的事物，特别是那些被你通常认为理所当然的事物。悄悄地把这些事说给自己听，慢慢地说，慢慢地感受每件事的价值，比如"我感谢我的视力""我感谢有热水"等。你应该至少提到五件事（花不到 30 秒的时间）。感受一下为了寻找这些事物所付出的努力给你带来的轻微的紧张感。
>
> 2. 你会感受到你所表达的感激直接从你的内心向上流动。接着，当你列举完那些具体的事项时，你的内心会继续产生感恩之情，这一次无须任何言语。你现在正在释放的能量就是"感恩之流"。
>
> 3. 当这股能量从你的内心散发出来时，你的胸膛会变得柔软并敞开。在这种状态下，你会感到自己正在靠近一个压倒性的存在，它充满无尽的给予的力量。此时，你已与源头联结了起来。

图 5.2 展示了这项工具是如何运作的：它创造了一种强大到能穿透乌云的感恩意识，在图中表现为从这个人的头顶向上延伸的、拨云见日的通道。通道内的短线段代表了向上流动的感恩力量。在图 5.2 中，乌云上方散发着光芒的太阳代表了世界上一切正确的事物。现在，我们可以给太阳取一个恰当的名字——"源头"，即万物的创造者，宇宙的终极正面力量。图 5.2 展示了"感恩"如何成

为联结我们与源头的"器官"。

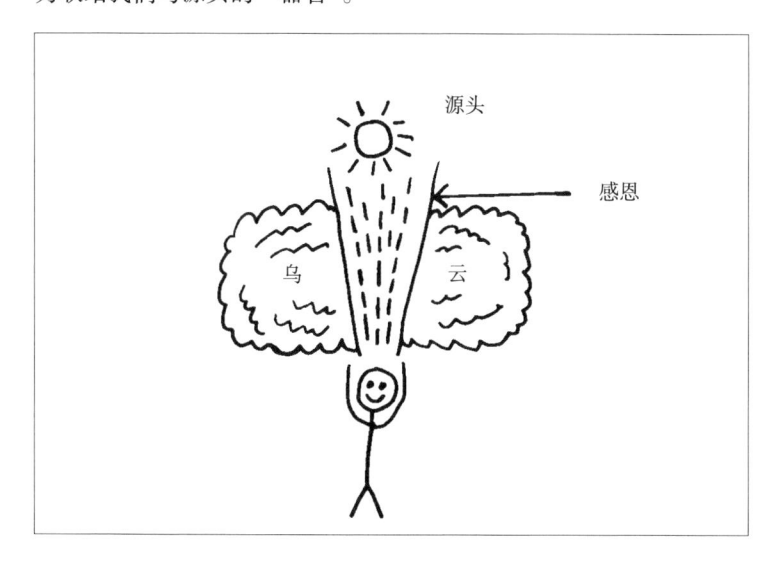

图 5.2 感恩在人与"源头"之间建立联结

我们将这项工具称为"感恩之流"。"流"指的是任何一个不断创造的过程。在这项工具中，你创造了一个无穷无尽的思维之流，来激发无穷无尽的感恩之流，后者确保了源头的不断慷慨给予。因为"流"总是在创造，它就具备了一种不断更新的特质。这就是为什么每次使用这项工具时，你要指出你所感激的不同事物，这非常重要。每次想出至少几个新的事物需要付出一些努力，但这样的努力是神圣的，能够让你与源头保持深度的联结。

一开始，要想出几件让你心存感激的事物似乎很难，但其实比你想象的容易。你可以感激那些没有发生的事，比如"我感激自己没有生活在战乱地区"，或者"我感激自己没有居住在地震带上"；

你可以挖掘你的过去，比如"我感激自己上了一所好高中"，或者"我感激我的母亲很爱我"。专注于那些你真心感激的事物，而不是你觉得应该感激的事物。它们通常都是生活中的微小事物，若不是失去它们，你可能都不会注意到，例如你和朋友吃了一顿美味的午餐，或者家中正常供电。求询者经常问我，为什么要强调这些微小的事物，答案很简单：尽管我们容易认为它们是理所当然的，但它们确实一直存在着。通过强迫我们意识到它们的存在并感激它们，工具意在提醒我们，源头也总是在那里，以多到难以想象的方式维系着我们的存在。

当你学习使用这项工具的时候，你可以从机械式地一个一个指出你感激的事物开始。当你习惯了这种做法之后，在你指出具体的事物时，试着感受发自内心的感激之情。一旦你能感觉到这一点，你就可以暂时停止言语，训练你的内心产生无言的、纯粹的感激之情——这将是源头的存在向你呈现的最终状态。经过一段时间的练习，你将可以完美地使用这项工具，然后，你就能在日常生活中加以运用了。

当新的一天开始时，请注意你的思维。在首先出现负面思维的迹象时，就使用"感恩之流"——思维的负面性就是提示。请记住，提示的目的是让你立即使用这项工具，即便这件事本身并不那么紧急。这对"感恩之流"来说尤为重要，因为很多时候我们都还没意识到负面思维的存在，它就将我们带入了乌云。例如，伊丽莎白的担忧通常始于看似平常的观察——"我的手臂上有颗痣"，然后，思维就开始升级："我敢肯定它是新长出来的，颜色很深，形状也不规则。"没过多久她的思绪就彻底失控了："这是黑色素瘤，它在扩散……哦，天哪，我要死了！"但如果她训练自己在第一个或第二个念头冒出来之后立刻使用"感恩之流"，她就能更有力地掌控自己的思维了。对大多数人来说，这是他们第一次体验到自己能够战胜负面思维。

伊丽莎白的消极情绪主要来自担忧，养成用"感恩之流"这项工具打断所有负面想法的习惯是有好处的。这些负面想法可能包括自我否定（"我太笨了"）、对他人的评头论足（"那个女孩太丑了"）或抱怨（"我特别厌倦我的工作"）。而困扰，不管是关于什么的困扰，都是另一种形式的负面思维，同样可以运用"感恩之流"将其管控起来。

"感恩之流"非常重要，你应当每天练习运用，其中一个方法是在一天中的特定时间使用这项工具。很多求询者醒来之后做的第一件事、每顿饭之前要做的事、入睡前做的最后一件事都是使用它。

你也可以在思绪涣散的时候使用它，可以是一天中的任何时候，比如乘坐公交车时，喝杯咖啡休息时或者在便利店排队时。一旦你在这些时候运用了"感恩之流"，你就会发现人的思绪是多么散漫，如果放任自流，它就会"堕落"，充斥着琐事、不安全感和消极情绪。

如此频繁使用"感恩之流"，其意义在于让你成为自己思维的主人——思维是人类唯一能真正控制的东西。直到你能控制自己的思维，你在精神上才能被认为是成熟的。当我们还是孩童时，我们需要父母每天督促我们刷牙洗漱；作为成年人，我们毫无异议地接受了对这些事情的责任。通过练习，你会像对待身体卫生一样积极地保持精神卫生。到那时，你将成为一个精神上的成年人。

当"感恩"成为一种生活方式时，源头就会永久陪伴着你。

与源头联结，和与我们在第二章至第四章讨论过的更高动力联结稍有不同，因为源头是宇宙的最高存在，事实上，是它创造了那些更高动力。我们不能像模仿那些更高动力一样模仿源头，因为它终究是不可知的。我们能做的就是让自己处于"感恩"的状态中，对源头的馈赠表示感谢——这些馈赠是我们无法自行创造的。因此，仅就这项工具而言，"感恩"的感觉本身就是联结之媒介，它能让你感知源头的存在。

与源头建立联结的秘密好处

伊丽莎白努力地练习使用"感恩之流"这项工具，且有所进步，但仍在乌云中花费了太多时间。后来有一天，她迟到了15分钟来到治疗室。通常在这种情况下，她会自责，语速会比平时更快，以便能快速地把所有内容讲完。但这一次她看起来很放松，甚至很愉悦。"我刚和一位多年未见的老朋友共进了午餐，我们聊了起来。突然我看了下手表，简直不敢相信两个小时已经过去了……这是没有担心和压力的两个小时。我意识到，这是我有记忆以来第一次这么开心。"她容光焕发地说道，"然后，我开始担心咨询会迟到，就再次使用了'感恩之流'。一股强大的平静感攫住了我,我的头脑变得非常清晰。"

一旦伊丽莎白学会了如何创造平静的感觉,她就能够在需要的时候重现这种感觉。从那一刻起,伊丽莎白似乎不再那么焦躁不安、不知所措了。当忧虑出现时,她能更好地将它放在一边。这是她有生以来第一次经历那种我们每个人都渴望达到的珍稀的状态:心灵的宁静。

现代人几乎很难获得心灵的宁静,因为我们都在错误的地方寻找它。我们认为它会来自某些外在的成就,比如有足够的钱退休、一套度假别墅、一个忠诚的伴侣。但即便我们实现了这些目标,它们带给我们的心灵的宁静也只是暂时的。

原因很简单。在物质世界里,你总是脆弱的,无论得到什么,你都可能失去——股市可能会崩盘,洪水可能会冲走家园,伴侣可能会离开你。因此,要想让心灵的宁静持久存续,它就必须来自某个你总能得到滋养和支持的地方。

持久的心灵的宁静只能来自与源头的联结。

但要想让这种联结真正持久,它就必须是持续不断的——这意味着你必须持续付出努力,而这是违背常理的。通常,我们认为心灵的宁静是一种休息状态,但其实这不是宁静,而是被动状态。因为保持与源头的联结需要不断付出努力,所以,心灵的宁静实则是一种积极主动的状态。

这是一项艰巨的工作,但很值得——好处之一是能量和动力的大幅增加。大多数人激励自己的方式都是错误的。他们受到激励，去争取他们想要的任何东西——金钱、爱情、地位——因为他们觉得自己拥有的还不够。这种匮乏的感觉是一股强大的动力，但你会为此付出巨大的代价。这个代价就是你总觉得自己缺失了某样东西。即使你得到了想要的东西，你也会很快就感到不满足，这就会激励你去寻求别的事物。在这个无休止的重复寻求过程中，你永远不会快乐，最终，它会吸干你生命中所有的意义和能量。

这种激励自己的方式有其缺陷，就是你必须自己产生所有的能量。而另一个选择则是与比你强大得多的能量来源建立联结，即所有能量的真正源泉——源头。你不能通过缺失感去感知源头。事实上，你对已经拥有的事物越感激，你就越能从中获得能量。你的感激之情开启了一扇通往全新生活方式的大门，在这样的生活方式中，前进的动力基于幸福，而非痛苦。

伊丽莎白与源头的联结给了她另一个好处。在女儿没有被理想的大学录取时，她才发现这一点。"我开始陷入恐慌，"她承认道，"但'感恩之流'已经成为一种习惯，我发现自己几乎不假思索地开始使用它。在慌乱之中，我的内心能够平静、清澈，如此一来，我向女儿保证，重要的不是她上哪所大学，而是她如何利用大学的资源。我相信，不管她上哪所大学，她都能把生活过得很好，我也是这么和她说的。我看到她无比惊讶，因为我不再是那个需要被安慰的人。我们两个都觉得这种状态很棒。"

伊丽莎白获得的是被我们称为"洞察力"的无价特质。如果没有洞察力，任何失望情绪都可能占据你的整个生活（就像在烧杯里滴进一滴墨水，整杯水的颜色都会变暗），即使是小小的挫折也会压倒你。洞察力是一种能力，让你既能看清当下正在发生的事，又不会忘记持久、积极的生活本质——只有与源头联结才能让你意识到这一点。当具有了洞察力之后，你就能快速从失望中恢复，因为你看到了你的生命受到源头的恩待。

最终，与源头的持续联结会使你能接纳成功。听上去可能让人吃惊，但成功可能会造成行动力的丧失：获得奥斯卡奖的编剧可能此后多年都创作不出任何作品；我认识的某人对获得诺贝尔奖的物理学家进行了一次非正式调查，发现他们中很少有人在获奖后又取得了真正的突破。

原因很简单：你会觉得成功都是你自己的功劳。讽刺的是，如果你将成功完全归功于自己，那么当未来遭遇失败时，你也必须承担全部责任。这是很可怕的，它会让你厌恶风险，变得不那么有创造力，不敢推进新的想法和新的项目，你会依赖过去的成就，过着"安全"、缺乏创造力的人生。

而事实是，如果没有源头的帮助，我们就不会取得任何成就。承认了这一点，"感恩之流"就解除了你对发生过的一切的完全责任。你可以随心所欲地去冒险，尽你所能发挥创造力。

"感恩之流"直接承认了源头是你所有成就的共同创造者。只有承认了这一点，你才能在成功时保持谦逊，在以后的生活中保持创造力。

常见问题

问题一：当我尝试使用"感恩之流"时，我无法感觉到源头。事实上，我感觉不到任何东西。是哪里做得不对呢？

使用"感恩之流"却没有立即感受到任何东西，这很常见。对我们大多数人来说，感恩的"器官"就像一只"睡着的脚"一样毫无用处。在它再次发挥作用之前，你必须练习使用它。同样，你可能不得不多次使用"感恩之流"来唤醒你的感恩意识。只有这样，你才能真正感受到源头。

要对自己有耐心。如果你的脚"睡着"了，至少你还记得它应该是什么感觉。相反，你从来没有把感恩意识作为感知源头的器官，所以你必须既要唤醒它，又要习惯它的感觉。请放心，"感恩"是一个真正的器官，它存在于每个人的内心。我还从来没有遇到过任何肯付出足够努力还无法激活感恩之心的人。

如果你觉得这一切超出了你的能力范围，那就挑出五件让你心存感激的事物吧。慢慢来，充分感受你对每一件事物的感激之情。仅仅是这一部分功能，就能让你有力地对抗负面思维。

问题二：如果一直只专注于感恩，我担心我会忽略问题，等到想处理它们的时候为时已晚。

当然，有的人一生都戴着"玫瑰色眼镜"，对生活过于乐观，无视危机，想处理时却为时已晚。但这些人从始至终都是这样的。在数十年的"感恩之流"教学中，我们从未见过原本没有这些特质的人发展出了这样的特质。

即使你正是这种"天真"的人，我们也不建议你以担忧的方式面对问题。大多数人不会区分"担忧"和"建设性地解决问题"这二者的区别。有建设性的规划需要冷静和客观的状态，而不是失控的焦虑。只有保持与源头的联结才能达到这种状态。此外，"感恩之流"并没有忽略阴暗面，它只是教你把它看作光明中的一点儿瑕疵。如果否认黑暗，就是无知，但如果看不到黑暗周围的光，你的认知就是残缺的。

如果你仍然坚信需要通过担忧来远离危险，试试这个"故障安全练习"：每天早上花几分钟写下两类问题——你所有的恐惧，即需要警惕的每一个危险；你担心可能会忘记，却会对生活造成影响的问题。现在所有这些都写在纸上了，你不再有借口——在这一天剩下的时间里，请使用"感恩之流"。你会惊讶地发现，你可以很好地照顾自己，而不会像往常一样，任由担忧像潮水般袭来。

问题三：我如果对已经拥有的一切表达感激，就会变得懒惰，我不会再有任何动力让自己的生活变得更美好。

这是另一个针对感恩的比较普遍的反对意见。人们害怕，如果感到满足就会停止自我提升。实际上，他们害怕的是快乐。在这种反对意见的背后，隐藏着对人类的一种黑暗、悲观的看法：我们是懒惰的，只有在生存受到威胁时才会被唤醒，才能前进。本质上，我们的动力来自感到害怕的时候释放的肾上腺素。

不可否认，肾上腺素是一种强大的能量来源，但问题是它只是一种体能的来源。从本质来说，体能是有限的，一旦它用完了，你就会筋疲力尽。当伊丽莎白开始向我咨询时，她正在面临的问题就是这样的：度过平凡的一天，就像接受审判一样难熬。

当你依赖肾上腺素让自己充满活力时，还有另一个问题：它扭曲了你的洞察力。你把所有事都视为生死攸关的大事。为了持续刺激肾上腺，你就不得不去寻找风险越来越高的情形，这会引发各种糟糕的决定。

如果有一种能量系统，能让你在没有戏剧性事件发生的情况下依然保持动力，这样一来，你就不必觉得每件事都生死攸关，不是很好吗？那么，你就可以同时感到快乐和有动力。对大多数人来说，这种状态似乎是不可能的。但事实并非如此。你随时都可以获得无限的能量——它不是来自你的身体，而是直接来自源头——与源头联结的关键就是"感恩之流"。

问题四：当你说源头关心着我们并总是以我们的名义运作时，听起来就像源头具备人性的特质。这是一种现实的思考方式吗？

我们已经说过了，但这一点值得重申：源头的本质远远超出了人类的理解。但我们不一定非要完全理解它才能与之联结。将源头人格化会触发我们的情感，让我们感觉这种关系是真实的。所有的宗教都在以自己的方式将神灵人格化，以达到同样的目的。

我们并非在暗示有必要相信某种哲学或神学，归根结底，我们并不关心你如何描述源头，最关键的是你是否体验到了与它的联结。当你这样做的时候，你会感受到比你自己强大得多的事物在给予你支持和鼓励，当你似乎一无所有的时候，它会给你新的力量。

问题五：那么，发生在我们身上的所有痛苦的事呢？它们也是源头造成的吗？如果是这样，这不就意味着它并不总是为我们的福祉而努力吗？

源头总是在努力帮助我们，但它通常给我们的感觉却不是这样的。源头让我们看到自己身上创造新事物的无限潜力，有了这种创造力，我们可以重塑世界。但是人类的自我意识误解了这种力量，它让人们只从证明自身重要性的角度来看待创造力。为了维持这种错觉，自我意识声称是它在没有借助任何帮助的情况下创造了一切，甚至否认源头的存在。

这种观点不仅是错的，还阻碍了我们发挥自我潜能。我们的确有不断创造的能力，但我们不是独自完成的。人类在这个世界上创造的任何一种新事物——无论是新生命还是新科技——都使用了源头的无尽能量。我们未来的潜能不在于对每一件事亲力亲为，而在于与源头共同创造的能力。

通过摧毁我们的幻觉（人类是宇宙的主宰）和随之而来的"单打独斗"的心态，源头毫不留情地迫使我们认识到这一潜力。它不依靠逻辑分析，而是用真正发生的事件来告诉我们这一点。它将我们不想要和无法控制的事件带入我们的生活：疾病、失败、被拒绝。这些事件带来的痛苦让我们屈服，迫使我们承认自己不是宇宙中最强大的力量。这其实也是一种恩赐：它打开了我们真正的更高潜力——我们与源头的伙伴关系。

这揭示了逆境中隐藏的更高意义：即使在最糟糕的事件背后，源头也在为我们的福祉而努力。当我向求询者这样解释时，他们都愿意相信。但一旦事情变得非常艰难，他们就又感觉不到痛苦是有意义的——能感觉到的只有自己受到了不公的惩罚。在这一点上，我鼓励他们从内心向外看，这样就会看到无数人身陷更严重的逆境，但其中永远有一些没被生活压垮的人，他们仍然保持着乐观善良的性格。这些人似乎有一种享受生活和释放善意的非凡能力，逆境并没有使他们的内心变得黯淡，而是让它变得更加强大。

这群人感受到了逆境的真正目的，于是，他们没有抵抗命运，而是让命运摧毁了他们的自我意识。因此，当事情变得更糟时，他们与源头的联结就会更紧密，在黑暗中就会散发光芒。没有比维克多·弗兰克尔在其杰作《活出生命的意义》（我们在第二章提到过）中描述的场景更黑暗的了。如果你还记得，他是一名内科医生，在大屠杀期间先后被囚禁在四个不同的集中营。他被剥夺了地位和财产，被迫与家人分离，每天遭受着生命的威胁。就是在这样的处境中，他也给自己设定了一个目标，即在困境中寻求更高的目标感。他的成功创造了一座有着更高意义的灯塔，激励了周围的人。

问题六：你说担忧是一种企图控制宇宙的迷信，这种浮夸之举难道不是自恋者的标志吗？

有些习惯很普遍，因此，称它们为"自恋"其实曲解了这个词的定义。严格来说，自恋者是浮夸的，需要不断获得他人的赞誉，而且对他人没有同理心。"自恋者"是用来描述一个非常独特的群体的词语。虽然我们说忧虑者希望掌控世界，但这并不是浮夸之举，也不是在寻求他人的赞赏，他们只是希望勉强维持正常的生活，不陷入充满压力或者令人不悦的情形中。

不管是最爱吹嘘的人还是最为谦逊的人，几乎没有人不承受忧虑之苦。在内心深处，我们都害怕宇宙远远超出我们的掌控范围。而且，我们以一种非常原始的方式，向似乎唯一能提供权力感的行为——思考——寻求庇护。而矛盾的是，正是在这种时候，我们的思维陷入了无法控制的忧虑中。

只有相信源头是生活中一切事件的肇始，我们才能找到内心的宁静。当我们变得浮夸时，这也是唯一让我们重回正常视角的方式。

问题七：我可以把源头视作上帝吗？

答案是可以，但是没有必要。我们刻意用一种不违背任何宗教信仰的方式来定义源头，这使得有宗教信仰的求询者可以自由地将源头定义为上帝。我们发现，无论他们如何理解上帝，"感恩之流"都会驱散负面思维。

另一方面，很多人都有自己的精神指引，但他们并没有加入有组织的宗教。对他们而言，源头的概念给他们已经有过，但可能没有明确定义过的体验取了一个名字：一种万物都由仁慈的宇宙赋予的感觉。这种新的关注点加深了他们的感恩意识，随之而来的便是从负面思维中解脱出来。

你可能会想到，有一群人会反对源头理念，仅仅因为它与神祇有关——无神论者。但无神论是意识思维的产物。无论一个人有意识地相信什么，他的无意识都会以自己的方式看待世界。卡尔·荣格在他对梦、宗教意象和神话的研究中出色地揭示了这一点。而无意识则存在于一个通用符号比逻辑更为强大的世界里——源头就是其中一个符号。当无神论者使用"感恩之流"时，他的无意识会体验到宇宙的无限给予，这就是他获得心灵的宁静的所需条件。

"感恩之流"的其他用途

很多人不像伊丽莎白那样焦虑，但这并不意味着他们不会从使用"感恩之流"中获益。对一些其他形式的负面思维，"感恩之流"也同样管用。下面，我会讲述三个求询者的故事，他们每个人都展现了一种不同的负面思维。在每一个案例中，当事人都能够通过"感恩之流"驱除那些想法。让他们大为吃惊的是，这项工具将他们解脱出来了，让他们不再受制于一直以来强加给自己的种种限制。

"感恩之流"让你不再为过去而懊悔。很多人都容易重新回想过去做的决定，责怪这些决定导致了之后发生的种种糟糕的事。除了证实生活不易这个事实，这样的懊悔情绪只会使你无法向未来迈进。你需要一项工具，让你能够立刻对可能性有全新的感知，只有这样，你才能把过去抛在脑后。

约翰是一位离异的中年男性，他总是沉湎于过去。年轻的时候，他的很多恋情都结束于他开始感到脆弱的那一刻。"一旦感受到压力，我就会逃走。"他说。他充满悔意地回看自己的决定，坚持认为自己已经让最好的女子从自己的指缝中溜走了。现在，人到中年，他想再约会一次，但对过去持续不断的懊悔让他觉得自己已经用尽了机会。他认为自己永远不会再次走入一段恋爱。当他来我这里接受心理治疗时，他已经患上了慢性抑郁症。

我告诉他，只有对过去的错误念念不忘，那些错误才会对未来产生影响。他的任务是要在开始重温过去恋情的那一刻马上使用"感恩之流"。这项工具不仅会中断他绵延不断的悔恨，还可以通过重新联结他和源头，让未来再次充满可能性。作为未来的一部分，他现在可以看到自己和新的爱人在一起，重新燃起的希望给了他再次约会的勇气。

"感恩之流"使你免于自我憎恨。自我憎恨很少与你作为一个人的实际价值有任何关系，它是一连串对自己的负面想法带来的直接后果。通常，这些负面想法的表现形式是你内心深处对自己的尖锐批评。这位内在的"批评者"说话非常权威，似乎没有理由可以反驳。你需要一项让它完全静音的工具。

珍妮特刚刚从一所顶尖高校毕业，和男友一起搬到了洛杉矶。男友是个"渣男"，但她就是被他莫名其妙地吸引了。他在公共场合与其他女人调情，借此羞辱她；他没有经济来源，甚至还会一次性离开她几个星期。她对这些侮辱行为的反应是反省自己，好像这一切都是她的错——是她不够了解他，她不够酷也不够漂亮。他对她越不好，她的自我攻击就越严重。

她希望我劝阻她对自己做出如此严苛的批判。当我说，我们不要与这位内在的"批评者"争论，而是要把它关掉时，她很惊讶。她训练自己在开始自我攻击时就使用"感恩之流"。很快，她开始与源头建立联系。她生平第一次觉得自己生活在一个支持并珍视她的宇宙中。这样的体验越多，她的自我批评就越显得不准确。她做到了这一点，找到了反抗男友的力量，并最终离开了他。

如果你是一位细心的读者，那你可能已经注意到，自我批评的问题也在第四章被讨论过。在那一章，我们把自我批评描述为对影子的攻击。因此，我们教给你的工具——"内在权威"——强调的是接受你的影子。在这里，我们将自我批评描述为一种"乌云思维"。这就是为什么我们在这一章要教你一项能直接解决负面思维的工具。

随着时间的推移，你会发现许多问题可以通过使用多项工具来解决。事实上，我们的求询者已经在使用两种或三种工具来解决一个特定的问题上取得了巨大的成功。运用你的直觉，你会找到最适合的组合。

"感恩之流"使你停止对他人的批判。当我们批判别人时，我们会自我欺骗，认为私下的想法对周围的人没有影响。但事实是，批判，特别是反复、严苛的批判，会向这个世界散发一种疏远他人的能量。你不能装出一种不加批判的态度，而是必须真正消除批判本身。

乔治是一位电影导演，他在20多岁的时候拍摄了两部广受好评的电影。早年的成功冲昏了他的头脑，他开始批判与他合作过的每一个人——演员、剧组成员，甚至是赞助他拍电影的公司的制片人和高管。他认为他们智商不高，也没什么创造力。结果，他产生了一种居高临下的态度，使得别人不想和他一起工作。后来，他的第三部电影表现不佳，事业也一败涂地，他对别人变得更加挑剔了。我见到他的时候，他已经一年多没有收到工作邀请了，意志消沉、萎靡不振。

他知道应该停止批判他人，但他认为只有自己才是"正确"的，这种感觉让他很难停下来。我告诉他，他的批判是对是错并不重要，每当他开始批判时，他就在伤害他自己。他的负面评价制造了他自己的"乌云"。一旦切断与源头的联结，他确实没有什么可提供给身边的人，所以，怎么还会有人想与他合作呢？我训练他在开始批判任何人的那一刻就使用"感恩之流"，这不仅能阻断他的负面思维，还能让他与源头及其满溢的能量直接联结，这改变了他和所有人的关系。人们发现，从他那里可以得到更多，而他们也受到鼓舞，想给予他更多。

"感恩之流"概要

一、这项工具的用途是什么？

当你的心中充满担忧、自我憎恨或任何其他形式的负面想法时，你就被乌云吞没了。它限制了你的生活，剥夺了你所爱的人对你最好的一面。生活变成了一场事关生死存亡的斗争，而不是宏大愿景的实现过程。

二、你要对抗的是什么？

你要对抗的是认为负面思维可以掌控宇宙的无意识错觉。因为我们认为宇宙对我们漠不关心，所以我们会紧紧抓住负面思维带给我们的掌控感。

三、使用这项工具的提示

1. 每当你被负面思维攻击时，就请立即使用"感恩之流"。如果不去挑战负面思维，那它只会变得更强大。
2. 当你思绪涣散，例如在打电话、堵车或在超市排队时，请使用"感恩之流"。
3. 你甚至可以把这项工具作为日常计划的一部分，这会将特定的时间（醒来、入睡、用餐的时间）转化为提示。

四、工具使用方法简介

1. 开始时，默默地对自己说出生活中让你感激的具体事物，特别是你通常认为理所当然的事，也包括还没有发生的坏事。慢慢地说，这样你才能真正感受到对每一件事物的感激之情。不要在每次使用这项工具时说出相同的事物，你应该让自己感受到寻找新的事物所产生的轻微紧张感。

2. 大约30秒后，停止思考，专注于感恩带来的生理感受——你会感觉到它是直接发自内心的，而你正在发出的这股能量就是"感恩之流"。

3. 当这股能量从你的内心散发出来时，你的胸膛会变得柔软并敞开。在这种状态下，你会感到自己正在靠近一个压倒性的存在，它充满无尽的给予的力量。此时，你已与源头联结了起来。

五、你正在使用的更高动力

宇宙中有一种更高动力创造了我们，它并非对我们漠不关心，而是与我们的福祉紧密相连，我们称这种更高动力为"源头"。体验它的压倒性力量会消除所有的负面思维。但如果没有感恩的心，我们就无法感知源头。

06

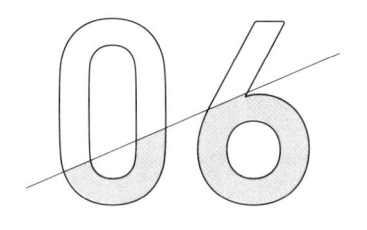

工具五：
危机

当你相信即使停止使用工具也没关系时，请使用这项工具。

无论这些工具多有效，你都会发现自己在某一天会放弃使用它们。放弃不仅会阻止你的进步，还会毁掉你目前为止取得的所有成果。这是每个读者都会面临的障碍。

这本书给了你一种特殊的力量——改变你生活的力量。你需要做的就是一件事——使用工具。这样做的收获是你会发现一个更好、更新的自己。谁不想这样呢？

我当然以为我的求询者们都会这么做，因为我提供给他们的工具正如我所承诺的那样发挥效用了，他们都变得更自信、更有创造力、更有表现力也更勇敢了。正是因为效果非常好，所以接下来发生的事让我无比震惊——几乎每个求询者都不再使用工具了。我惊呆了。我向求询者们展示了通往新生活的道路，他们却无缘无故离开了这条道路，即便是最热情高涨的求询者也退出了。

不要以为你会比他们做得更好。我的求询者和普通读者相比有一项很大的优势：他们让我像私人教练一样每周都去激励他们。没有这一点，作为普通读者的你更有可能停止使用工具。

你也不必为此感到气馁，菲尔和我想出了一种方法来防止你中途退出。但你必须明白，你面对的是一个强大的对手。在本章结束时，你将了解这个对手的策略，并且能够反击。

大多数自助类图书甚至都避而不谈"放弃"的问题。他们可能会给你一个计划,但这个计划不切实际,难以坚持下去。我们不想将改变你的人生这样大的挑战说得轻描淡写,也没有这个必要,因为我们可以让你变得强大到足以应对这一切。

了解这个过程最便捷的方式就是观察我的一位求询者身上发生了什么。其实,你在前面已经读过他的故事了。

还记得文尼吗?他是一位脱口秀喜剧演员,非常惧怕痛苦,躲在小型喜剧俱乐部圈子里。为了唤醒记忆,你可以快速浏览一遍第二章。在这里要披露的是,在我写第二章的时候,我略去了他的故事中的某些部分,那就是当所有进展都停止的黑暗时刻,那时他几乎要退出这个治疗过程。如果我把这些挫折写入那一章,那它的篇幅会是现在的三倍。但在这里,你需要了解文尼经历过的挣扎历程,因为你也会经历你自己的挣扎历程。

文尼厌恶任何形式的痛苦,但他最厌恶的是在别人面前察觉到自己的脆弱。这就是为什么他总是避开那些有能力帮助他的人。他不愿意在他们面前试镜,甚至不愿意和他们说话。他用一种带着嘲弄的幽默来掩饰自己的恐惧,但对被嘲弄的人来说,这样的幽默很快就不那么好笑了。

通过运用"逆转渴望",他学会了克服自己逃避痛苦的问题。他开始准时出席会议,充分准备,彬彬有礼。很快,他就与那些有能力帮助他的人建立了业务关系。他们帮他进入了顶级俱乐部,然后,他得到了一部引发热议的最新电视情景喜剧提供的试镜机会——这是他最大的梦想。但是,因为这种处境让他感到脆弱,所以,这也是他最害怕的事情。

他不得不参加一系列高压力的试镜,但他更加自律地使用了"逆转渴望",这使得他克服了恐惧,还出乎意料地得到了那个角色。现在,他有了一座通向他想要的未来的桥,他要做的就是跨过这座桥。如果恐惧再次降临,他就会使用"逆转渴望"让自己重回"正轨"。

在他得到这个角色之后几天,我在办公室看到了他。几分钟后,很明显他不打算"过桥"了,而是要从桥上跳下去。我告诉他,他需要一个现实的计划来应对新情况带来的压力。他似乎没有听到我的话,相反,他开始自鸣得意地炫耀他见到的所有名人,以及他们认为他多么有趣。我明显感觉到文尼已经脱离了现实,进入了一个"魔幻世界",在那里,似乎他所有的愿望都能实现。

我的脑中开始响起警钟。"文尼,这正是人们走向自我毁灭的时刻。在初尝成功滋味时,人们停止了努力。但现实并没有改变,所以他们比过去更需要这些工具。"

"医生,"文尼冷冷地回应道,"我就要成为明星了。你知道这个世界是怎么对待明星的吗?从现在开始,我的人生将是一片坦途。"

我与名人共事多年,深知这种说辞有多可笑。举几个他们面临的问题,比如破裂的恋情、与孩子之间的矛盾、疾病缠身、遭遇"私生粉"、衰老等。聪明的人知道成功不会保护他们,所以他们努力接受心理治疗,特别是努力使用"工具"。

文尼不够聪明,他需要一个与他息息相关的例子才能意识到问题所在。"如果剧本把你那个角色写得并不好笑怎么办呢？记住，数百万名观众要看哦。"

他不屑地摆了摆手："我在这部剧里太重要了，他们不会把我写得很难看的。下个月还有两篇关于我的报道要发表！"文尼全然不知道自己其实只是"消费品"而已。

他很高兴，同时也很无知，把生活变成了对自己的错觉的无休止庆祝——他的第一个正式行为就是停止使用"逆转渴望"这项工具。没有了"逆转渴望"，文尼刚刚养成的成年人好习惯又消失了，那个每天认真研究工作材料、锻炼身体、住在干净房间里的他又不见踪影。

他的房子并没有空置，过去的老粉丝们每晚都在那里聚会。他一边饮酒作乐，一边享受着廉价的奉承，重新建立了自己的舒适圈。有时，他会邀请一位顶级明星过来，为他的表演增加一些"档次"（这只能表明他有多沉迷于此）。

但他还是有演出任务要完成。负责导演那部情景喜剧的女士有个很难解释的习惯，就是要演员们一字不差地说出剧本上写的每句话，这就意味着需要背诵台词。文尼抱怨道："我即兴表演有什么不可以的呢？这就是我谋生的本领啊。她如果不那么死板，是可以好好让我发挥我的才华的。"

问题不在于这位女士的"死板"，而在于文尼。背台词是不好玩，他认为明星可以不用做这件事。但他的老板并不认同。当文尼宿醉未醒地出现在片场，并试图在整场戏中即兴表演时，她严厉地斥责了他。

自此，文尼开始走下坡路。他开始迟到，在片场表现得很讨厌、不合群，其他演员都开始避着他。我警告他，他再不成长、不使用"逆转渴望"，便不会有好结果。这使我们之间产生了一些摩擦（你可以想象他朝我吼叫，说我是个失败者）。他开始缺席心理咨询并最终放弃了心理治疗。对此，我无能为力，他已经很久听不进我的话了。

你相信存在"神奇事物"吗？

很显然，文尼已经放弃了自己，而大多数求询者同样如此，只不过没有他那么明显。他们也许还在接受心理治疗，但和文尼一样，他们让自己相信，即使停止使用工具也没关系。但其实并非如此，他们这样做无异于自我破坏。我可以自信地预测，你会发现自己也存在相同的情况——你会尝试这些工具，喜爱它们带来的好处，然后停止使用它们。

为什么这种现象如此普遍？答案是我们整个文化都对"何谓人类"抱有不切实际的观点。我们喜欢把自己看作成品，认为我们自身就是完整的，实际上却并非如此。为了变得完整，我们需要与超越我们自身的某样事物建立联结。在这个过程中，我们需要不断付出努力，这也就意味着人类只能是一件永远处于发展和完善中的作品。

现在，请把你的头脑想象成一台新买的最先进的平板电视。你急切地把它从包装盒里拿出来，但它却不能播放，有个电源连接线松动了，此时不能再买新的，你必须自己动手修理。更糟糕的是，这个连接线一直松掉，因此你不得不每天修理。在你的头脑中，断开的不是和电源，而是和更高动力的联结。每当联结中断时，你个人的某个问题就会显现。这些工具可以修复联结，这就是它们有用的原因。但是，这种联结不会一直持续，它总会再次中断。

如此一来，使用工具就成了一个永无止境的任务。

这种说法让人感到自己很卑微，因为它不仅不是我们的自主选择，更是我们余生不得不做的事。我的一位求询者就是一个很好的例子，证明这一点多么让人难以接受。在搬进新落成的"梦想之家"之后几个星期，她来到我的办公室痛哭。她已经恨透了厨房（但不是我们通常所理解的那种恨）。每天晚饭后，她都会把盘子和灶台擦得一尘不染。"我一干完活儿就会怒火中烧，因为过一会儿我的丈夫就会在那儿留下夜宵的残渣，第二天早上我两岁的女儿就会把苹果酱甩到墙上。既然如此，我为什么还要费心清理呢？它从来都不会一直保持干净的状态。"

如果说有办法可以把她从没完没了的苦差事中解脱出来呢？这听起来有点儿像夜间档的电视广告，但我们是认真的。每个人都有一种对"神奇事物"的幻想，比如一段关系、一份工作、一项成就或一笔财产，它会把我们从现实生活的"跑步机"上解脱出来。把这种幻想应用到家务事上，也许就是幻想有一个能自我清洁的厨房；应用到人类身上，就是幻想我们不再需要更高动力来完善自己，然后，我们就根本不需要工具了。

对文尼来说，他的"神奇事物"就是名气。现在他有了名气，就不再需要面对痛苦了。对他而言，任何形式的挣扎都应该结束了。如果文尼有宗教信仰，那他寻求的也不是天堂，而是一条顺遂安乐的康庄大道。用他自己的话说："当我还是个孩子的时候，我因为自己的梦想而被父亲打，从那时起我就想要现在的名气。我已经付出了努力，现在也得到了奖励。"

这种奖励有个名字，菲尔将其称为"免责"——一种关于过着无须努力、要求不高的生活的幻想。大部分人认为"免责"一词是指无罪，但它还有另一层含义：免除某项任务或义务。此处，它指的是终极义务——为你自己的余生而努力。

内心深处，我们都希望有一种"神奇事物"为我们"免责"。这个"神奇事物"可能是金钱、奖励、成绩很好的孩子、在朋友面前看起来很酷等。花点儿时间弄清楚你的"神奇事物"是什么，不管它是何物，哪怕是最微不足道的东西，只要对自己诚实就好。然后，尝试下面的练习：

> 幻想你自己得到了"神奇事物"，它确实会让你不用再挣扎地生活。感受一会儿那种感觉。现在，打碎这个幻想——想象它永远不会成为现实。知道自己永远无法摆脱生活中无尽的挣扎，感觉如何？

现在，你已经知道为什么几乎每位求询者都不再使用这些工具了：他们觉得生活的各个方面都有所改善还不够，他们想要的是工具永远不能带给他们的东西——一颗让他们从挣扎中解脱的神奇药丸。他们在精神层面还没有长大。

"免责"的代价

精神不成熟会受到惩罚。

文尼停止接受心理治疗后，我有好几个月没有见到他。有一天，我吃完午饭回来，刚走出电梯就有人抓住了我。一开始我还以为自己被打劫了，很快我意识到只是有人在死死抓着我不放，然后，我听到了抽泣声。

是文尼，我从未见过他那个样子：脸涨得通红，眼睛充血，泪水夺眶而出。他用一种深邃的目光凝视着我——我永远都不会忘记那样的眼神——但他说不出一句话。我把他带到我的办公室，并把门锁上了。

"他们把我解雇了。"他又用那样的眼神看着我，"我为什么就没有听你的话呢？"

我告诉他，我们需要开始治疗，他现在所经历的只是另一种形式的痛苦，"逆转渴望"仍然适用（参见第二章，回顾一下如何使用这项工具应对已经发生的事件）。我送他回家收拾，并指导他反复使用工具，直到下一次见面为止。

再次见到他时，他稍好一些了，但他又一次停用了"逆转渴望"。"文尼，时间宝贵，我是在帮你免受终极惩罚。"

"你已经输了，医生。"

文尼认为，最大的代价就是他的事业。的确，在很短的时间内，他从一名拥有完美职业发展平台、前途无量的喜剧演员变成了一个失业的"弃儿"，这确实是一次惨烈的跌落。但当我再次催促他使用"逆转渴望"时，他的反应显示他已然受到了终极惩罚。

"你没明白，医生，我几乎没法儿从床上爬起来。"

文尼掉入了一个"黑洞"，只有工具才能帮助他爬出来，但他已经意志消沉到无法使用它们了。失业只是一个外在事件，真正的危害出现在意志永远消沉下去并且停止尝试的时候，那就是失去一切的时刻——从那一刻开始，便没有了未来。

我也曾意志消沉。就像文尼一样，我也曾被自己的"神奇计划"背叛。我10岁的时候就开始拼命学习，为了考上哈佛大学。我获得了很多奖项，也尽己所能地参加了大学先修课程。结果，我的努力不仅让我进入了哈佛，学校还同意我直接跳过大学一年级。我欣喜若狂，但当我到了学校时，我发现事实上我还有更多的功课要做，我崩溃了。第一年我差点儿没通过考试。

我们的整个文化氛围都很消沉，包括的症状有：我们喜欢廉价性爱和轻微暴力带来的肾上腺素激增；比起真正解决问题，我们倾向于在与对手的比赛中得分。我们对未来失去了希望——这是沉溺于幼稚幻想的终极代价。

无论对个人还是社会来说，"免责"都是不可能的。当这种对"轻松生活"的虚假希望不可避免地破灭时，我们就会意志消沉。这是一条逃脱不了的法则："免责"最后总是造成意志消沉。

有一条道路能指引我们走出这个困局，但有个"敌人"挡住了我们的去路。这个敌人每时每刻都在攻击我们——当我们打开电视、上网或阅读杂志，甚至开车时，它都会攻击我们，特别是当我们进入购物中心，接触它的"核心力量"时。

出售幻想

这个敌人叫作"消费主义"。它通过各种广告、代言、标识、路边广告牌等向我们传递信息，其潜在的内容始终是一致的：你必须拥有某样东西。我们无力抵抗，不得不一件接一件地去买。但我们享受每件新物品的时间都不会太长，一旦拥有了它，我们的注意力就会转移到下一件物品上。

不可避免地，消费主义潜移默化地渗透到我们所有的活动中，不仅仅是购物。我们消费生活经验的方式和消费 iPod（苹果播放器）、牛仔裤和欧产汽车的方式是相同的。一首特定的歌曲、一个想法、一个朋友，本来都是新的、与众不同的，而当新鲜感丧失时，我们便会将其丢弃，继续寻找下一个。消费主义成为我们的生活模式，这就是主次不分、本末倒置。

文尼不愿意承认这一点：他和其他人一样受制于消费主义。当他使用工具时，其目标是外在的——成名。工具是他实现目标所需的"拐杖"，等他有了名气，他就丢掉了工具。

你对消费主义的抵抗力并不会比文尼强。现在，你可能已经被它控制了。如果不相信，你可以看看你是如何阅读本书的。作为消费者，你会快速地浏览，希望它就是你一直寻找的"答案"。你希望本书像一颗药丸——尽管你不想承认这一点——吃下去就有效，不用再付出任何努力。

这本书旨在改变你的生活，但它不是灵丹妙药，而是行动蓝图。如果你像个消费者一样阅读它，那还不如不读。只有实实在在地使用本书中介绍的工具，改变才能发生。你可能会在书里读到一些激励你使用工具的内容，但你的决心会很快消退，然后你就放弃了。就像那个老笑话讲的："每当我有工作的冲动时，我就躺下等这股冲动过去。"但它放在这里却一点儿也不好笑。

消费者试图通过接收大量新的信息——通过电视、自媒体、网络搜索、短信、电子邮件等——来弥补他们的懒惰。但就像一顿饭吃得太快一样，并没有任何东西被真正消化了。我曾经在一次研讨会上遇到一位女士，她告诉我，在过去的一个月里，她读了75本关于"灵性"的书。如果在读一本书的时候，她已经在消费着下一本，那她又怎么能从所读的书中找到意义呢？试图消费"灵性"就像在车里装了多部导航系统，但却不去学习使用其中任何一个。

消费主义是如此明显地存在于生活中，以至于我们无从抵抗。实际上，它的力量基于某种正常合理的需求。我们对更高动力有一种与生俱来的渴望，希望与它建立关系，这份渴望强烈到永远无法被消除。消费主义误导了你的欲望，让你相信在"神奇事物"里面存在着更高动力。这样一来，一旦你获得了它，你就拥有了更高动力，而不需要与它建立关系。这场"寻宝游戏"是一场不可能有结果的探索，但我们并不承认这一点，反而坚持不懈地寻找下一个

"神奇事物"。

每天，被误导去寻找"神奇事物"的事情都会发生在你身边。消费者可能会否认这一点，但他们的行为会体现出来。他们带着极大的期望追求某样东西，比如新的伴侣、新的衣服、新的爱好。但期望从来没有被满足过，只是让他们更加卖力地寻找而已。下一次，当你看到一群狂热的购物者挤来挤去，在百货商店的打折商品中翻找时，告诉自己，你正在目睹一场寻找全宇宙"神奇事物"的行动。这样可以帮你离促销活动远一点儿。

然而，在对"神奇事物"的所有希望破灭之前，你都没有真正获得自由。

更高动力：意志力

希望破灭并不是一件有趣的事，文尼花了好长时间才意识到这不是一场灾难。在他回来接受心理治疗的第一个月里，每一次治疗都既有争论又有鼓舞。我必须让他相信，恢复生机的唯一方式是与更高动力建立联结，然后保持这种联结。不存在"到了某个时候就完成了对工具的使用"这种说法。当他刚明白这一点时，他坐在那儿，就像被判了无期徒刑。我试着和他对话。

"你在想什么，文尼？"

"我以前很期待有自己的节目，现在除了使用工具，我的未来什么都没有了。"

"你已经迈出了很好的一步。一个月以前，你还认为自己已经没有前途了呢。"

文尼终于相信，这个"卑微的"过程是拯救自己的唯一途径（当然，我已经对他说过很多次了）。但很多时候，他无法让自己使用这些工具。他心里的变化在于，他现在想要使用工具了——这让他在不能使用的时候感到更加绝望。对大多数人来说，这是令人困惑的经历。因为我们总是认为我们可以理性地控制自己，似乎一旦决定要做某件事，我们就能做到。

文尼被迫承认，采取行动并没有那么简单。"我无法听从自己的指示。好像少了什么东西……我希望你知道那是什么。"他颤抖着说道。

我当然知道，但我希望他自己去感知答案："你见过最伟大的反败为胜的场景是什么？"

"是一次拳击比赛。这算吗？"

"很好。是什么样的比赛？"

"一名拳手和在他量级之上的人对打，他坚持住了。在最后一轮比赛中，他的下巴挨了一记重拳。他被打倒在地，就像死了似的躺在地上。我知道这听起来很疯狂，但在数到六后，他突然醒了过来，就像启动了开关一样。这家伙真的站起来完成了比赛，打成了平局。这是我见过的最伟大的战斗。"

"好。闭上眼睛，想象他启动开关的瞬间。你看到他身体里有什么？"

"一片漆黑。突然间有一丝火花。"

"你看到的就是你缺失的东西。"

"就这样吗？这就是拯救我的办法吗？一丝火花？"

"这一丝火花是唯一能拯救你的事物，就是它让那位拳手'起死回生'。你知道它叫什么吗？"文尼沉默了。

"它叫意志力。"

这并不是文尼希望得到的启示，他的反应就像自己以正品价买了一块假劳力士手表。但像大多数人一样，文尼对意志力的看法是在小学形成的。他根本不知道什么是真正的意志力，更不用说如何培养它了。

很少会有人觉得自己不能运用意志力。当必须做一些困难或令人不快的事情，比如锻炼、对账、早起时，或者当需要抑制一些有害的冲动，诸如暴饮暴食或滥用药物时，我们就会呼唤意志力。

有时候，你周遭的世界都帮不上你，即便如此，你还是得有所行动。你需要一种可以完全从内心产生的力量。西方文化把它描述成黑暗中凭空出现的一道亮光，这就是文尼看到的"火花"。

当文尼"不能按照自己的指令"使用这些工具时，他缺少的是意志力的火花。如果没有它，他迟早会再次退出，他的心理治疗也将以失败告终。因为很多求询者都是如此，所以我们开发了一种强化意志力的方法。任何人（即便是最容易放弃的人）都能培养出他们自认为不可能获得的意志力。

很少有人类成长模式认可这一点，更不用说给你一种锻炼意志力的方法了。相反，它们会令改变你的生活显得很容易。事实并非如此。我们的做法正好相反：我们会告诉你这其实有多难，而且，我们会让你变得足够坚强，能够面对这一挑战。这样做意味着要增强你的意志力，这也是第五个工具的作用。从某种意义上来说，它是最重要的工具，是能确保你继续使用其他工具的工具。如果你不使用这些工具，那么它们再有效也没有用。

作为读者，你可能会觉得这里有矛盾之处。我们到目前为止展示的四种工具之所以具有非凡的力量，是因为它们能够触及已经存在的更高动力。但我们对意志力的定义是，除非你自行产生，否则它就是不存在的。如此一来，它还能是一种更高动力吗？能，但它与我们已经描述过的前四项工具有所不同。

前四项工具是来自别处的馈赠，但意志力不是。人类参与了意志的创造，宇宙也牵涉其中，但它只提供培养意志力的环境。就文尼描述的拳手而言，宇宙贡献的是黑暗。幸运的是，我们大多数人不是被打倒在地的拳手。当我们意志消沉、想要放弃时，黑暗就会降临。

我们很难理解黑暗是一种什么样的馈赠——没有它，我们就无法发现自己内心的火花。正是当我们意志消沉的时候，宇宙才成为我们的伙伴。意志消沉的时候，其实是我们最神圣的时刻。

但一切成立的前提是我们要知道该怎么处理它，这就是为什么我们需要第五项工具。

工具：危机

实际上，我们需要一项工具来产生意志力的火花，它能让拳手从地上爬起来，而你也需要它来度过意志消沉的黑暗时刻，这不仅仅关乎未来要做些什么的决心（请回顾一下你的上一个新年决心），还必须促使你立即采取行动。你只有两个选项：要么使用工具，要么不使用。

马上行动需要一种紧迫感，但紧迫感让人不舒服。只有当面临失去工作、感情、人身安全等重要东西的危机时，我们才会有紧迫感。即将到来的独奏会可能使音乐家的声誉陷入危机，所以他会加倍练习；业务演示可能会使主管的升迁岌岌可危，所以他会通宵准备。从现在开始，为简洁起见，我们将这种情形统称为"危机"。它会爆发式地激发一股你无法从其他渠道获得的能量。

在准备加州司法考试时，我上了一堂难忘的课——关于"危机"的力量。这场考试为期三天，是一次严格的考核，以往超过半数的考生都通不过，我不想成为他们中的一员。几个月来，除了学习，我什么也没干，身边堆满了空空的快餐盒子。这是我最警醒、最专注的一次经历，我每天都生活在害怕（更准确地说是恐惧）中，担心自己由于遗漏了某些比较模糊的法律知识而考试失败。每时每刻我都感觉至关重要。我还记得自己当时在想，我如果能一直像这样集中精力，就没有什么做不到的了。

对大多数人来说，"每一刻都很重要"这样的事实带来了太多的压力，让我们无法承受——这意味着我们要随时随地全力以赴。我们宁愿舒舒服服地待着，直到最后期限日益逼近，迫使我们开始行动。但一旦最后期限过去，由它触发的意志力就随之消失了。司法考试一结束，我的危机感就无影无踪了。我回到了惯常的消极生活方式中，夜夜笙歌，直到我又陷入了抑郁情绪。和大多数人一样，我以为这就是世道常情。

当我见到菲尔时，他让我相信有更好的生活方式。他说了一些我从未想过的话："真正的意志力不能依赖于某个事件，意志力必须超越具体事件。"

这让人困惑。"难道不是这些事件把你置于危机中的吗？"

"事件只是暂时的，你需要找到一个永久性的危机来源。有一样东西，你每时每刻都有失去它的危险。"

"是什么？"

"你的未来。"

大多数人不认为他们会失去未来。但如果你经常使用这些工具，你的想法就会改变。工具不仅能让你克服现在的问题，还能改变你未来的样子。无论你是小说作家、企业家还是为人父母，你都会具备前所未有的能力。你会成为塑造你自己未来的一分子。有了更高动力，你的潜力无限。

如果持续使用这些工具，这种无限的潜力就是你的未来。但好处不会自动产生——只要你停止使用工具，潜力就会被毁掉，这就会增加风险，让你的未来每时每刻都处在危机之中——巨大的紧迫感及随之而来的意志力便由此产生。不使用工具的后果比我们愿意承认的大得多。对于文尼，我想让他感受到后果有多严重。

我让他闭上眼睛，想象自己在意志消沉后再也没有使用过这些工具。"几年后你的生活会是什么样子？"

画面立刻浮现，他皱了皱眉。"我成了一坨三百磅[①]的'臭狗屎'，躺在一张从来没有整理过的床上……天哪！"有什么东西把他吓坏了，"我住在我妈的房子里！"

对文尼来说，这一点儿也不好笑，简直是一场耻辱性的灾难。他再也不能像原来那样把坏事都归咎于我，因为这个画面是从他自己的潜意识中浮现的。文尼生平第一次见识了什么是危急关头。他说了什么并不重要，只有行动才能拯救他——要么使用工具，要么不用。

被摧毁的未来是什么样子，每个人都有自己脑海中的版本。无论对你来说是什么，它带来的痛苦和遗憾都是巨大的。为了不让自己放弃使用工具，你需要通过某种方式帮助自己意识到放弃带来的风险——这就是第五项工具的作用。正是这种意识创造了紧迫感，触发了坚定不移的意志力。

因为这项工具的开发基于失去未来的风险，所以我们称之为"危机"（jeopardy），并以大写字母 J 来指代它。从某种程度来讲，它是最重要的一项工具，能够保证你不放弃使用其他四项工具。

要理解"危机"如何运作，请从第二章至第五章中挑出一项基本工具——那项对你自己的成长最重要的工具。然后，在亲自尝试之前，请仔细阅读下面关于"危机"的内容。

[①] 1 磅约为 0.45 千克。——编者注

> **"危机"使用方法**
>
> 想象你能看到遥远的未来,看到自己躺在病床上,生命快要走到尽头。这个老年的你明白了当下的时光有多么重要,因为自己已经时日无多。你看到这个老人从床上坐起来,对你大叫,让你不要浪费当下的时光。你会为自己一直在浪费生命感到一种深藏的恐惧。这会立刻催生一股紧迫的压力,促使你使用刚刚选择的那项基本工具。

当被要求想象生命的最后时刻时,有些求询者会感到迟疑,但只有这个视角才会产生最大的紧迫感。死亡最有力地提醒着我们,人的一生只有这么多时光,每一刻都弥足珍贵。18世纪英国作家塞缪尔·约翰逊曾生动地描述了死亡逼近带来的震撼效果:"当一个人知道自己即将在两周后被绞死时,他的思想会变得高度集中。"

如果你不是当下已经被判处死刑,那么这种思想高度集中的情形不太可能成为你的日常体验。如果你想保持舒适状态,这也会很方便。但在这一切的背后,大多数人都生活在一种隐藏的恐惧中,担心自己正在浪费生命。消费主义提供了无数干扰项帮助我们掩埋这种恐惧。使用"危机"可以破除我们的回避行为,将恐惧转化为行动的紧迫感——这种紧迫感点燃了意志力的火花。

你无时无刻不需要火花,这就是为什么菲尔说我们需要一个

"永久性的危险来源"。不管你的外部环境如何，临终视角都会提供这个危险来源，它使你在任何时候都能产生意志力。

图 6.1 展示了创造意志力的过程。

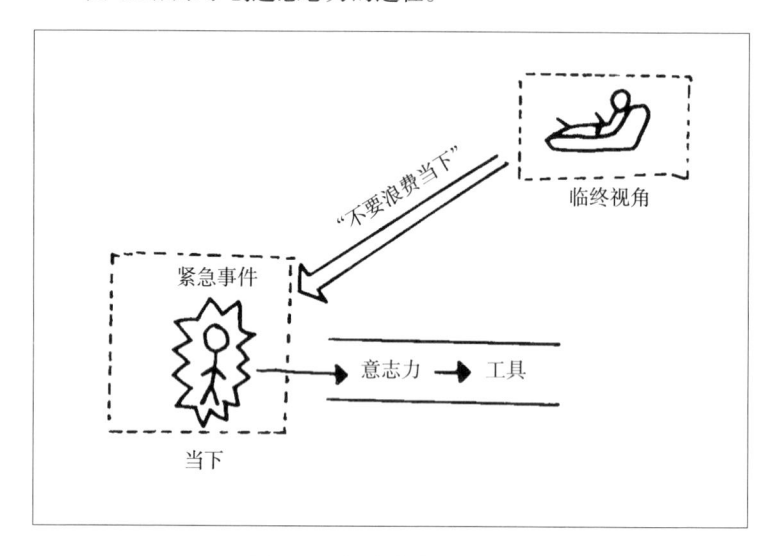

图 6.1 创造意志力的过程

右上角的小人儿代表着躺在临终病床上的你，他比你更清楚时间有限。标有"不要浪费当下"的箭头则象征着他对你的警告。标示着"当下"的方框里的人就是你。你周围锯齿状的线条代表在时光流逝之前利用好当下的紧迫压力。正是这种紧迫感催生了使用工具的意志力。只要持续关注这个警告，你就愿意反复使用这些工具。这样一来，你便是在打造一条通向更广阔未来的道路。

何时使用"危机"?

尽管"危机"在任何时候都行之有效,但在某些特定的时刻,它是最为关键的。辨认出这些时刻,将会帮助你识别出使用这项工具的"提示"。

针对第一个提示,文尼提供了一个很好的例子:他想利用这些工具,但他做不到,因为他的意志彻底消沉了。我们都有想要使用工具但就是无法使用的时刻。也许我们不会像文尼那样意志消沉,也许我们会归因于懒惰或疲惫,都没关系。当你发现自己不能使用这些工具时,唯一能帮到你的就是另外一项工具——意志力。这就是使用"危机"的提示。

文尼的例子甚至还说明了第二个不那么明显的提示——它与成功有关。像文尼一样,我们错误地认为成功能使我们不用继续奋斗。我们告诉自己不再需要运用意志力。但是,无论我们感觉有多好,如果成功成了停止使用工具的借口,它就会毁了我们的未来,这就是第二个提示。任何时候,只要我们觉得自己已经不再需要工具,这就是使用"危机"的直接提示。

当然,放弃的念头不限于对工具的使用。我们不再有规律地节食、不再锻炼、不再与人交往,面对这些情况,我们都需要增强意志力。就像促使你运用工具一样,"危机"在这些情形中也奏效。所以,权且把它当作第三个提示吧。每当你不想在生活中的重要领域继续进步时,"危机"就是你的朋友。

意志力是发挥人类潜能过程中的缺失环节。它非常关键,你会发现在很多情况下都需要它。在日常生活中容易失去意志力的时刻，请你尝试使用"危机"：早上起床时，面对干扰需要集中注意力时，或者克制向坏习惯屈服的冲动时。此外，当你想要把生活带往一个新的方向时，它一样有效。你可能想要开始看一本书，做一桩新的生意，或者搬到一个新的城市。你不停地幻想着，但一步都没有真正迈出过。我们将在本章末尾详细介绍"危机"的相应用法。

"危机"不仅是一项工具，还是一种充满生机活力的模式。矛盾的是，这种生命意识与临终状态的你相伴相生。因为只有在临终的时候，你才知道时间耗尽的滋味，才会产生每时每刻都需要的智慧。邀请临终的自己进入你的意识，感受那个自己每时每刻都看着你，欢迎他给你施加压力，你的一生将乘风而上，无往不胜。

意志力的秘密好处

刚开始使用"危机"这项工具，文尼就感受到了第一"微风"。

他突然跑来找我，告诉我他已经回去工作了，在加州帕萨迪纳市的一家小型俱乐部有现场演出，我从未见他如此热情高涨。"我现在有点儿不一样了，不在乎是否有大人物出现，甚至不在乎观众的反应。以前，在事情做得差不多的时候，我就会停下来，但现在我想做得越来越好。"

一听到这里，我就知道某件重要的事情已经发生了。文尼又开始工作了，这很好，但这一次还有更深层次的变化。文尼已经迈出了他的一大步，他远离了"消费者"的肤浅生活，进入了一种全新的生存方式——他成了一名"创造者"。

一个消费者会期望用最少的努力换得回报，最好是不用付出任何努力。他只关心从这个世界得到了什么，而不是能为这个世界增添什么。他肤浅地生活，关注点从一个事物上跳到另一个事物上；他的能量四散开去，就像洒在桌面上四处流淌的牛奶。他对这个世界没有任何影响，当他在地球上的时间结束时，他仿佛从没活过。

创造者不会接受那样的命运，他所做的一切都是为了对世界产生影响。他有自己的一套准则，这套准则确保了他的目的：

> 他不接受自己所在的世界的现状，会把本不存在的事物带到世界上。
>
> 他不随波逐流，而是为自己设定路线，忽略其他人的反应。
>
> 他抵制肤浅的干扰物，持续专注于自己的目标，即便必须牺牲当下的满足感也在所不惜。

任何人都可以按照这套准则生活，但很少有人能做到——这意味着让你的生命为更高动力服务。这些动力在生命的表面是找不到的，它们位于生命深处。创造者的能量就像钻机一样能钻透石头。尽管艰难，但创造者会收到数倍于努力的回报。

要成为创造者，你不一定非得成为艺术家。你可以在任何人类活动中为世界增添一些东西，即使那是最为例行公事的活动。你的工作、你为人父母的角色、你的人际关系、你对社区的贡献——当你在做这些事的时候，运用更高动力在其中留下你的个人印记，这些事就会变得更有意义。

使用这项工具还有另外一个好处，这也是最大的一个好处。随着文尼更加坚定地成为一名创造者，不管是在感觉很棒的时刻还是在想完全放弃的时刻，他都继续使用"危机"。几个月后，他意识到自己正经历着一种全新的体验。

他很开心。

从我的角度来看，这个变化是惊人的。看着他的眼睛时，我再也看不到一个死死盯住我的愤世嫉俗的叛逆青年，取而代之的是一个向世界敞开心扉的成年人。他最担心的事也没有成真——他仍然很风趣。但现在，他没有把幽默作为"对抗全世界"的武器，而是把它作为礼物送给别人，让别人开心——这也让他很开心。

另一个惊人的变化是别人对他的反应。他发现自己越快乐，就有越多的人被他吸引。只要是他演出的夜晚，俱乐部的气氛都会变得热烈。这对他来说是令人兴奋的经历。"过去他们笑是因为知道我讨厌他们。我放弃了这一点，并试着去爱他们——结果他们笑得更大声了。你知道吗，我更喜欢这种感觉。"

他坦率地把自己的转变归功于"危机"。"医生，我猜了一百万年，万万没有想到幸福的秘诀就是整天想着死亡。"文尼把人类过去一万年的精神智慧浓缩成了一个笑话,他已经真正成为一名创造者。

当你立志成为一名创造者时,一切都会改变,甚至你阅读本书的方式也会改变。我们已经解释了消费者会如何阅读它——快速而肤浅地浏览书中是否有不费力气就能获得的神奇能量来源。

诚然,消费者也一定会从本书中获得新的洞见和一些很好的工具。但我们写这本书的目标远大得多。我们想要改变你的生活——真正改变它,不只是说说而已。我们相信这是可能的,但你必须以创作者的方式阅读本书。

作为创作者,你不会寻求暂时的刺激,也不会渴望成为你所在的街区第一个掌握某些新技能的人。你会慢慢地、深思熟虑地读这本书,因为你需要更高动力的帮助。你不会想要停用这些工具,因为你想做的事情需要靠它们赋予你的力量才能完成。你想要对世界产生真正的影响,给它添加一些新的东西。

对创作者来说,我们所写的不仅仅是一本书。这是一本你会一遍又一遍阅读的指南,就像建设者使用的建筑蓝图一样。只不过你不是在建造一座新房子,而是在建设一种新生活。

对我们来说,每一位读者都是潜在的创造者——正是这种可能性驱使我们成为本书的作者。我们不满足于你读完整本书,也不满足于你时不时地使用其中几项工具,甚至不会满足于你觉得本书鼓舞人心并把它推荐给你的朋友。只有当你在读完本书后不断地使用工具时,我们才成功了。如此一来,你就会成为一名创造者。这就是我们的目标,也应该是你的目标。

常见问题

问题一：我成为戒酒互助会的成员已经15年了。互助会告诉我们，"自我意志过度放纵"是问题的核心，但你似乎在暗示意志力是解决问题的关键。哪个说法才是对的呢？

这是术语使用的问题。当互助会使用"自我意志"这个词时，他们指的是认为宇宙的运行会符合你的期望这一错觉。

当我们使用"意志力"这个词时，它与控制宇宙无关——正是我们无法控制宇宙这一事实，才使意志力变得尤为重要。时间最能显著说明我们无法控制宇宙，因为它一直在不断溜走。"危机"就是利用这一点制造紧迫感。每当你使用这个工具时，你都是在向时间"投降"。若想体验这一点，想象自己躺在临终的床上是最直观的方式。死亡由比任何人更为强大的力量决定，它就是终极的失控状态。因此，"危机"引发的意志力与这股更为强大的力量是完全和谐的，没有这股力量，意志力就不存在。

问题二：如果我不能让自己使用"危机"这项工具，该怎么办？

无论你多么消沉或懒惰，只要你还活着、有意识，你就有足够的精力为自己做一些小小的努力，即使是最微不足道的努力也可以。例如，想象自己临终时躺在床上的画面，这比你阅读这段答案省力得多。也许下一次，你就可以看到这个躺在临终病床上的人因为某种情绪而有了活力。你可以像孩子一样玩这个游戏，不知不觉中，你就会惊讶地发现自己已经能够使用这项工具了。你唯一会犯的错误就是什么都不做。

问题三：我相信正面形象，但似乎"危机"这项工具是利用恐惧来激励你，这不是精神的对立面吗？

你说的完全正确，"危机"就是建立在恐惧之上的，但这并不意味着它站在精神的对立面。这个工具迫使你意识到，你在地球上的时间是有限的，在某个时刻，死亡将会成为现实。正是这种体验唤醒了你对精神联结的最深层需求。但很显然，建立这种联结需要付出努力——这就是恐惧的用武之地。它根植于你大脑的原始部分，守护着你的生存。那部分的你永远不会放弃，所以它创造了一种持久的意志力。另外，如果你依赖于"感觉良好"的哲学做出的承诺来激励你，一旦承诺不可避免地没有兑现，你的意志力就会消失。

问题四：我运用了其中一项工具，但改变了它的一个元素，似乎这样更适合我。可以吗？

我们在第一章解释过，当菲尔开发工具时，他对它们进行了广泛的测试，以便找到每项工具最有效的版本。这就是为什么我们会建议你在学习使用它们的时候严格按照说明去做。这样可以确保你至少能与更高动力建立某种程度的联结。如果随着时间推移，你发现自己稍微改变了工具，那么这种改变将由更高动力来引导。

但从长远来看，最重要的是你要坚持使用这些工具。如果你使用自己版本的工具更容易坚持下去，那就继续。不管你使用的是什么版本，都请注意我们给出的提示。我们根据多年经验确定了这些提示，所以请认真地对待它们，当然，你也可以随意加入你自己的提示。

你使用工具的方式，应当是你朝着成为创造者的方向迈出的一步。创造者重视自己的本能和经验更甚于方向的指引，即便这个方向是我们给的。这并不意味着你不用去遵循书中写到的工具——事实上，对很多人来说，这才是最有效的方式。最重要的是，你要找到一种将工具融入生活的方式，这对你来说才是有意义的。

"危机"的其他用途

在本章，我们重点介绍了如何借由使用"危机"来完成本书的使命——让你使用前四项工具。这需要意志力，而"危机"则会把意志力传送给你。意志力非常关键，你会发现在许多其他情形下，"危机"都是不可或缺的。以下是其中最常见的三种情形。

"危机"给了你控制上瘾和冲动行为的意志力。我们对自己的管控比想象中的少得多。不管是吃的食物、买的东西还是对他人的反应等，我们都无法抗拒即时满足的吸引力。我们反复下决心改变自己的行为，但最终都是冲动占了上风。其实，我们需要的不是更多的决心，而是一种能在当下挫败冲动的方法，这就需要意志力。

安是标准的贤妻良母，但一旦涉及购物，她就像变了个人。很多时候，她原本打算上网回复邮件、在电子日历上记录待办事项，某个瞬间她会突然"感到一阵痒"，于是，一股"磁力"就会把她吸引到无数购物网站上去。她会告诉自己只看五分钟就回去工作，但这都只是说说而已。她像被在线购物的世界催眠了一样，对时间失去了概念，不买至少一样不必要的东西就决不会离开购物网站。等这个过程结束时，她会感到愧疚和疲惫，就像自己有了不正当的性行为。

除了浪费钱，愧疚感还使安变得易怒。因为知道丈夫会生气，所以她会先对他发起攻击。一种挫败的情绪和谨慎的敌意始终笼罩着整个家庭。当大家都冷静下来后，她又想出了另一个管控自己的计划——只在周末购物，或只买打折商品，或设定每月的消费限额。不用说，这些计划都失败了。

我告诉她，她缺少的是意志力。"我在哪儿可以买到它？"她半开玩笑地问道。我解释说，意志力是非卖品，但如果她愿意做一点儿努力，那么意志力就是她可以自己培养出来的。此后，每次靠近电脑时，她都训练自己使用"危机"这项工具。起初，"危机"并没有阻止她上网，甚至没有阻止她买东西，但购物带来的刺激感已经消失了。"当我看到那个临终的人试图把我从愚蠢的行为中拯救出来时，我就不能再像以前那样迷失自我了。"有生以来第一次，她能够在不冲动的情况下购物了。

"危机"会给你力量，让你在放空或分心的情况下集中注意力。我们的社会高度活跃，人人都是多面手，注意力很难保持集中。

因此，我们需要一种足够强大的力量，让我们在完成一件事之前能持续集中注意力——这也需要意志力。

亚历克斯是一位性格外向、精力充沛的好莱坞经纪人，已经开始面临客户流失的问题了。他感到困惑，因为他一直在努力地帮客户做成一笔笔生意。我鼓励他问问其中一位客户为什么要离开，答案使他大吃一惊。这位客户说，他觉得自己对亚历克斯并不重要。当亚历克斯提到自己为他争取到了一笔有利可图的生意时，客户答道："这不是钱的问题，你让我觉得自己是二等公民。和我通电话的时候，你总是同时在做另外两件事，你几乎没有注意到我在说什么。"

亚历克斯一直无法集中精力。他一路顺遂地完成了学业，进入了职场。但在表象的背后，他觉得自己的整个生活都是假的。他每次开会都没有做好准备，几乎没有读过他想推销的剧本。他的婚姻给人的感觉同样具有欺骗性，他不再亲近妻子，也很少带她出去，即使两个人一起出去，他也不是在打电话，就是在和邻桌的人交谈。他甚至不能专注在他自己选择的那个"干扰项"上——他需要用第二部手机来打断第一部手机的通话。

他是典型的需要使用"危机"这项工具的人。如果无法学会集中精力，那么他为之奋斗的一切都将面临风险。我为他确定了一个简单的提示：每当他察觉到分散自己注意力的诱惑出现时，他就要利用"危机"来创造意志力，把注意力带回他应该专注的地方。我知道他会有很多机会去练习。他对自己极度薄弱的注意力感到震惊："我每时每刻都在分心，简直可以用呼吸作为提示。"

尽管使用"危机"这项工具很困难，但亚历克斯还是坚持了下来。对他来说，能够用 20 分钟专注看一部剧本堪称里程碑式的进步。当注意力变得更集中时，他获得了一个让他完全意想不到的奖励。"以前，我的整个人生都活力十足、手舞足蹈，这样就不会被人发现我没有准备好。现在，我在进入会议室时就已经做好充分准备了——这是我第一次感觉自己像个成年人。"

"危机"使你能够开始新的发展。人生中最难的事情之一就是开始新的生活，比如搬到一座新的城市居住，与突然进入你生活的某人（比如继子女、亲家等）建立关系，开始新的事业。这些情形中的每一种——以及任何其他新的任务——都会引发人类最原始的恐惧：对未知的恐惧。即使对我们没什么好处，我们也会倾向于接近熟悉的东西，因为我们缺乏克服恐惧的意志力。"危机"会产生比我们的恐惧更强大的意志力。

哈丽雅特嫁给了一个比她年长很多、与前妻有几个孩子的男人。他是一家非常成功的公司的老板，白手起家创立了这家公司，并以绝对的权威管理着手下的员工。不幸的是，他不知道与人相处的其他方式。他满足哈丽雅特的物质需求，但掌控着她生活的方方面面。多年来，她甘愿忍受这一切，并不承认自己因此有多么烦恼。

但她有一个无法否认的愿望——她想要一个孩子。她向丈夫苦苦哀求，和他争辩不休，但都无济于事，他甚至不愿和她讨论这件事。这是她忍耐的极限。最后，她很清楚，自己不能再维持这段婚姻，但多年来，她就像生活在茧中一样，这让她感受到彻底的无助。

她不仅对未来独自生活的景象感到恐惧，甚至不知道该如何迈出结束婚姻的第一步。接下来她需要进入一个由律师、会计师、房地产经纪人等角色组成的世界。"以前都是我的丈夫和他们打交道。对我来说，那些事就好像发生在另外一个星球上。"

我告诉她，没有一件事是她做不到的。她的恐惧是因为她即将进入未知的世界。对哈丽雅特或其他任何人来说，这就像是从悬崖边走下来。她需要一种力量，让她能够在压倒性的恐惧面前采取行动，而"危机"就是最完美的工具。当看到临终前的自己对没有孩子这件事所做出的反应时，她感受到了一生中从未有过的惊人的紧迫感。她不仅解除了婚姻关系，还继续使用"危机"这项工具为自己构建新的生活。

"危机"概要

一、这项工具的用途是什么？

到目前为止，你应该知道了如何使用第二章到第五章描述的每一项基本工具。但无论它们多有效，你都会发现自己在某一天会放弃使用它们。放弃不仅会阻止你的进步，还会毁掉你目前为止取得的所有成果。这是每个读者都会面临的障碍。

二、你要对抗的是什么？

你要对抗的是一种认为自己可以获得一件"神奇事物"的错觉，你周围的消费文化无时无刻不在强化这一点。这种错觉总是会导致相同的结果：你放弃了。取得成功的时候，你认为使用工具不再必要；失败的时候，你意志消沉，也不再使用工具。

三、使用这项工具的提示

1. 在任何你知道自己需要一个工具，但出于某种原因却又不能使用的情况下。
2. 当你觉得自己已经成熟到不再需要工具的时候。

四、工具使用方法简介

想象自己躺在临终的床上。在时间耗尽之后，那个年老体衰的自己会对你吼叫，让你不要浪费现在的时间。你会感到一种深刻的、隐藏的恐惧，因为你一直在浪费自己的生命。这就会催生一种迫切的愿望，促使你使用当下需要的任何一项基本工具。

五、你正在使用的更高动力

你无法仅靠想一想就能克服放弃使用工具的念头,你需要更高动力,我们将其称为"意志力"。这一更高动力必须由你自己创造,宇宙所能做的就是提供一个迫使你产生意志力的挑战。

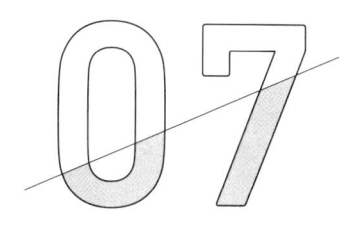

07

对更高动力的信念

人们都在一个灵性系统里运转。在这个系统里，我们生活中的每一个事件的发生，都是为了训练我们使用更高动力。信念就是相信当你需要更高动力的时候，它们总是在你身边帮助你。

当成为创造者时，你会有一个惊人的意外收获：你会开始相信，当需要更高动力时，它们就在那里。

我在第一次见到菲尔时，并不相信更高动力真的存在，更不相信我能依赖它们的支持。当了解工具时，我知道它们是有效的，我的求询者就是鲜活的例证。至于它们是如何发挥作用的，我不相信菲尔口中的"工具唤起了更高动力"，我甚至不相信我的求询者将此归因于某种"比他们更伟大的事物"。我认为这不过是他们描述自己比之前感觉更好的一种表达方式而已。

我在第一章解释过，我的怀疑主义是在成长过程中耳濡目染、自然形成的。我的父母是无神论者，他们相信科学而不是上帝。他们会嘲笑任何像"更高动力"这样无法合理解释的事物。对他们来说，宇宙的存在（以及宇宙中发生的一切）只是一个随机事件。简而言之，"信念"在我家只是一个毫无意义的单词而已。我热切地吸收着他们的信仰体系（理性主义），将其化为自用。我偶尔会为此在社交上吃些苦头。9岁的时候，我去一个好朋友家过夜，他们是一个有宗教信仰的家庭。当好朋友的妈妈叫我们开始吃饭时,她注意到我没有祷告,便问我为什么。我天真地把这当成了一个理性解释"上帝为什么不存在"的机会。不用说,那是我最后一次在这位好朋友家里过夜。

多少年过去,我的想法愈加坚定,这导致尽管我很欣赏工具,也在有效地使用它们,但我就是觉得自己缺失了某样事物。工具让我变得更好,我对此深表感激。但我就是无法像某些求询者一样去体验它们。当这些求询者在我面前使用工具时,很显然他们与某种比他们宏大得多的事物建立了联结。他们的脸上洋溢着喜悦、满足和自信,到达一种我从未体验过的境界。对我来说,宇宙似乎仍然是漠然的;但对他们来说,宇宙则成为一个能够时时提供援助的资源。就像是当我还在地面吃力地蹒跚而行时,他们已经冲破了声速障碍。

这让我产生了一种奇怪的感觉。如果工具是一门课程,那我的求询者就取得了比我更高的分数。这是我生平唯一一次没有取得最好成绩。坦白地讲,这让我感觉很不公平。他们并没有比我更努力,只不过他们不需要对付内心那个怀疑主义者——它会随时攻击像"更高动力"这样的念头。但出乎我意料的是,我能感到自己在不断鞭策这些求询者继续探索,我悄悄地希望能像他们一样去感受。

我内心的那个怀疑主义者却不这么想:它抨击"积极的爱"这项工具,而"积极的爱"可以帮我克服最薄弱的领域:愤恨。生活中总有些事让我大动肝火——我痛恨孩子们半夜把我吵醒,痛恨我妻子强迫我陪她去参加社交活动,痛恨求询者在我下班后给我打电话,等等。一种愤恨才刚刚消散,另外一种马上取而代之。我将这种情况称为"寻找成因的愤恨"。

我内心的怀疑主义者无法阻止我使用"积极的爱",而且当我使用这项工具时,它起了帮助作用——在我每次感到愤懑不平的时候给我一些事情做。但我从未真正感受到一股强大的爱流经我全身。我知道它就在某个地方——我的两个孩子出生的时候,我感觉到了它。然而,尽管那些感觉非常深刻,但它们并不等同于能够召唤出一种更普遍的、我可以导向任何人的爱。要做到这一点,工具要我相信自己被纯粹的宇宙之爱包围。但内心的怀疑主义者很久以前就让我确信,那只是一种浪漫的幻想。它告诉我:我生活在一个机械化的宇宙里,爱只是大脑化学作用的产物。怀疑主义其实已经耗尽了工具的生命力。

我只能以自己唯一知道的方式予以回击——纯粹而顽强地坚持。我一遍又一遍地练习这项工具,甚至把手表设置为每小时响一次,提醒我使用它。我就这样坚持了好几个月。

就在我快要失去希望时,我的努力得到了令人难以想象的回报。

1993年1月17日是我儿子的一岁生日。在黎明之前,还没有给他生日礼物的时候,我收到了我给自己的礼物——一个我永远不会忘记的梦。在梦里,那是个清晨,我一个人在办公室里。突然,整栋楼开始剧烈摇晃,一场大地震发生了,我知道自己马上就要死了。我一反常态地平静,想着自己应该再使用一次"积极的爱",这样我就可以带着心中的爱死去。这一次,当我使用这个工具时,我感到内心充满一种我从未体验过的爱。我感到那份爱的巨大力量从内向外扩展，就像太阳从我的内心散发光芒。然后，梦就结束了。

有些梦会在我的脑海里停留好几个星期，这个梦就是其中之一，它在我的生命里回响。我感到自己更有活力了——我在梦里感受到的那股丰沛的爱继续流经我的全身，流向每一个人，从加油站员工到我的妻子和孩子。我的求询者也感受到了这一点，认为我似乎比平常更热心于关注他们的成长，这激励了他们更加努力地在自己身上下功夫。

我也开始以不同的视角看待世界，身边的一切似乎都洋溢着生机。我开始更深入地了解求询者的动态，并能够为他们建立联结，这是我以前做不到的。我甚至开始想，是否存在着某种更高智慧，提前规划好了生命中的某些特定事件？我被驱策着放弃法律，是否并非因为我讨厌它，而是因为我需要敞开心扉迎接一个全新的世界观？当对传统心理治疗方法不再抱有幻想的时候，我遇到了菲尔——我不再认为这是一个巧合。

我仔细研究过荣格的理论，知道他不相信巧合。我很欣赏他这种神秘而美丽的观点，但它对我的现实生活产生的影响并不比挂在博物馆里的一幅大师级画作更大。我的梦改变了一切。现在，我能从某种程度上感受到生命中所有事件之间有种隐藏的联结。这个印象非常强烈，带领我"超越了荣格"，似乎是宇宙在指引我走向自我的进化。

我的父母会嘲笑这种胡思乱想，而发现自己被他们当成一个笑话，也会让我很困扰。所有流经我身体的爱令"使用工具"这件事变得更容易（比如我能够更有效地使用"积极的爱"这项工具），但也让我觉得我不太了解自己。为什么我突然感受到了这些东西？我希望菲尔能给出答案。

"我是不是处于某种异常的意识状态？"我问他，"感觉有点儿像暂时性的精神错乱。"

"绝对不是，"他坚定地回答，"你比以往任何时候都清醒。"

"当我有这么多疯狂的想法时，你怎么能说我是清醒的呢？"

"也许这些想法并不疯狂，"他有些不悦地说，"也许，真正疯狂的是回到你做那个梦之前的生活方式。"

他说的有道理，我现在感觉到自己在真正地活着。相比之下，以前的生活黯然失色。"我不想回到那样的生活，"我慢吞吞地回答，"但仅仅因为一个梦，你就要求我改变我所相信的一切吗？"

菲尔似乎有一阵子显得很失望，但接下来他全身的紧张都消失了，除了我，他似乎把一切都拒于门外。他的双眼流露理解的神情，后来我才意识到他在使用"积极的爱"。"我不想说服你相信什么，"他说，"生活会用它的方式让你相信。"

结束谈话时，我觉得自己处在一个不太能理解的神秘事件的边缘，但还没来得及弄明白，所有新的感受就都消退了，我发现自己又回到了熟悉的、机械化的劳碌中。回想起那段时间，我会觉得有点儿尴尬。我的理性思维重新掌握了控制权，将整个经历视为一场微不足道的中年危机。但暗地里，我很想念那个神秘事件带给我的"活着"的感觉。最后，那种感觉也消失了，我甚至忘记了引发整件事的那个梦。

就在那个时候，难以想象的事发生了。

那是在 1994 年 1 月 17 日，我做完那个梦之后整整一年，洛杉矶发生了美国历史上损失最惨重的大地震，就在黎明之前。我的办公室所在的大楼倒塌了，里面的一切都碎裂了。

一场地震，摧毁了我的理性主义信仰体系

地震摧毁了我的办公室，但那只是最小的损失，它还摧毁了我的信念体系。用哈姆雷特的话说："突然间，似乎天地之间有许多人类哲学无法解释的事物"。此前，发生了两件打开我心扉的事，第一件是在 1992 年 1 月 17 日（我的儿子出生的那天），第二件是在 1993 年 1 月 17 日（我梦见地震的那天）。而在 1994 年 1 月 17 日，一场真正的地震席卷了洛杉矶。我的理性主义思维背景原本会让我自以为是地得出结论：这些事件纯属巧合。但现在，理性主义感觉就像是我的身体在排斥的有毒物质。事实上，我怀疑这场地震最终会像前两次事件一样成为一份馈赠。

与此同时，我的生活还在继续。我找了一间临时办公室，继续开展心理治疗，试图恢复常态。但我一直对一个想法无法释怀：我过去几年的生活是被某种宇宙智慧引导的。正是这种宇宙智慧驱使我放弃了法律行业，让我成为一名心理治疗师，并安排了我与菲尔的见面。然后，它直接进入了我的生活，在相隔整整一年的时间里，安排了我儿子的出生和那个改变我人生的梦。但那些事与现在发生的事相比，都微不足道，就好像这种更高智慧已经预料到了一场重大灾难的发生，并以之作为最终的武器，决心给我的理性主义一记

重击。

它成功了，我再也无法依赖理性主义。但当我考虑其他选择时，很明显它们更糟糕。一方面，有个选择是有组织的宗教，它一直给我教条的印象。

另一方面，在南加州，新时代神秘主义就像随处可见的电影明星一样普遍。它当然允许自由思想，也提供了丰富的经验（无论是真是假）。但它也和它的诞生地洛杉矶一样，阳光灿烂，却又没有实质内容。想象一下你在五年内想做什么事——假设它马上就会实现！任何问题都可以通过愉快的谈话来解决。但是，如果有痛苦的，甚至可怕的问题无法解决怎么办？新时代的人类哲学没有答案，只会责怪受害者。"是你的负面想法让你得了癌症。"一位求询者的某个信奉新时代神秘主义的朋友就是这样对她说的。那种看不到逆境的意义或目的的人生哲学，必然会遗漏一些东西。而且，如果它不能应对日常的逆境，又如何能处理真正邪恶的事务，比如人类历史上的大屠杀和死亡集中营呢？

我走进了死胡同。我喜欢自己作为一名心理治疗师的新生活——能够对人们的生活产生积极的影响，比我以前做过的任何事情都更有成就感。但这不仅关乎我个人的成就感，它似乎与现实的本质更加相关。我的理性主义看起来就像一只被压扁的小虫子，是我留在"后视镜"中的属于过去的一部分。问题是我无法继续前进，面前的两条路都是我不能接受的。

当用尽全力也无法恢复自己过去的样子时，人类的普遍反应是……恐惧。几个星期以来，我感觉我的心都要跳出来了。因为我不知道还能做什么，于是转而求助菲尔。但这一次，出现在他面前的不是一个热切的学生，而是一个溺水的人。

"你是不是觉得自己曾经相信的一切都是错的？"他问道。

我点点头。

"祝贺你，"他亲切地说，"你已经接触了未来的灵性。"

奇怪的是，我觉得这句话说得有道理。菲尔的意思是，不打破旧的、僵化的思想，新的想法就无法进入。这肯定了我对地震的直觉，之前发生的一系列事件都是为了扫除我旧的信念体系，而地震是其中的高潮部分。

但我要用什么来取而代之呢？带着怀疑和希望，我让他现场解释这一"新灵性"——这完全不是我的性格，但我就是忍不住。我有种感觉，这将是一场改变我一生的对话。事实证明我是对的。

菲尔解释道，有一种"灵性系统"联结着人类和宇宙。我的理性思维刚想反驳，菲尔突然拿出了一个 5×3 英寸[①] 大小的卡片，开始在上面画一幅奇怪的图，同时也继续说着话。他的话分散了我的注意力，让我暂时放下了疑虑，于是我闭上了嘴。

菲尔说，我们都被教导过"自然界的进化"。在这个模式里，进化由随机的基因变化驱动，而基因变化给了我们更好的生存机会。宇宙没有给我们特定的目标，事实上，它甚至根本不知道我们的存在。这个模式很好地解释了"自然界的进化"，但还有另外一种进化——"灵性的进化"，它和内在自我的发展有着密切的关系。而

---

① 1英寸约为2.54厘米。——编者注

只有选择触及更高动力，内在自我才能进化。

我刚要开始质疑，就被一个尖锐的爆裂声打断了，那声音就像是有人开了一枪。我吓了一跳，结果发现是菲尔把卡片扔在了桌上，就像赌徒把赌注狠狠掷在赌桌上。

"看见了吗？内在的进化由这个系统驱动，"他指着卡片上的图说道，"进入这个系统内部，你会体验到某种强烈的东西，它会冲走你所有的疑虑。"

这并不能满足我的怀疑主义，没有什么能消除它。菲尔看到了我内心正在形成的论点，突然说道："不要再争论了，好好研究一下这张卡片，进入这个系统。如果你需要一个解释，我们可以等会儿再聊。"

我没有再与他争论，因为他的态度很强硬。我此刻的任务很简单：参与那个体系，去体验他所谓的"更高动力"。图 7.1 说明了这个系统是如何运作的。

图 7.1 左侧的人面临着一个人生难题，也许是疾病、失业，或者是我正在经历的内在困惑。正如第一个箭头所示，问题由掌管进化的力量（你可以称之为上帝、更高的力量等）送下来。接着，这个人使用工具来解决问题，如图中的阶梯所示。阶梯向上到达一个扩展的存在层次，这个人在这个层次可以触及更高动力，这使他能做到以前从未做过的事。这揭示了整个灵性系统的隐藏目的：让我们能够成为创造者。在图 7.1 中，创造力由最右边的人身体里的太阳来表示。

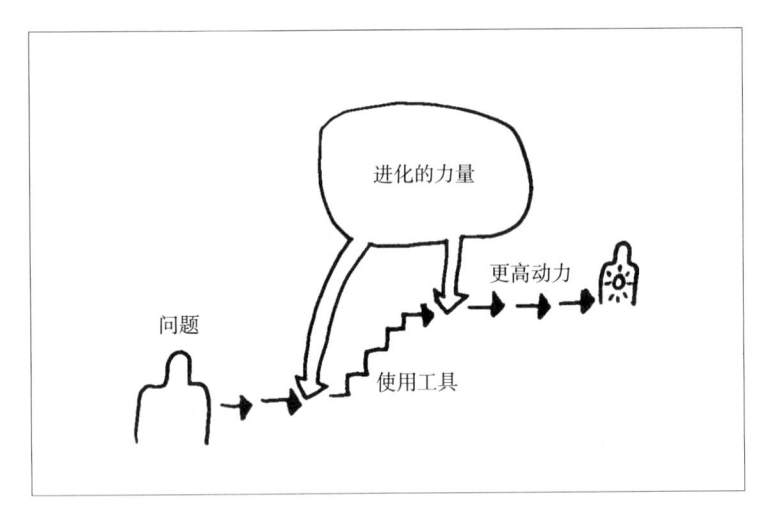

图 7.1 进化的力量

图 7.1 揭示了一个惊人的秘密：问题和解决问题的更高动力都来自同一个源头——进化的力量。这两个元素是一个系统的组成部分，旨在将你转变为创造者。但还有第三个元素，而且它是宇宙不能提供的——你的自由意志，尤其是你使用工具的意志。进化或是待在原地，选择权在你。宇宙非常尊重人类的自由，它不会强迫你违背意愿而进化。

我把最好的朋友当成了敌手

这一切听起来都很棒，但没有一个能使我大脑中正在大呼小叫的反对意见安静下来。我试着说出我的意见，但菲尔不太听得进去。他希望我在那个体系内部做出努力，而不是争辩它的有效性。所以，他命我找出一个问题，再选择一项工具，每次遇到那个问题时，（用他的话来说就是）"闭好嘴巴，用上工具"。

当时，我选择的问题和我最好的朋友史蒂夫有关。背地里，我总是觉得在他身边很没有安全感。我很聪明，但他是聪明绝顶。从体育运动到阿富汗历史研究，他在各个方面都很出色。我们14岁的时候，他在《理查三世》演出的中场休息环节，即兴演讲了关于都铎王朝时期的英格兰和莎士比亚把理查三世国王写成"卑劣的驼背者"的动机，使一批成年观众折服。

我是由相信科学的父母抚养长大的，而史蒂夫的父母就是科学家，他自己也成了世界级的理论物理学家。他驳斥了任何无法用可观察到的物理现象来解释的东西。当我说，我能感受到摇滚乐手吉米·亨德里克斯弹奏的吉他乐曲传递着他的灵魂时，史蒂夫纠正了我。他解释说，所有的声音，包括音乐，只不过是"通过空气传导的机械振动"。

我们喜爱彼此、情同手足，但吸收越多新的关于灵性的概念，我就越害怕如果我说出这些概念，史蒂夫就会马上否定它们。所以，当他打电话来约我一起吃午饭，并想更多地了解我的工作时，我做出了特别不恰当的反应。我发现自己陷入了无限循环的想象中，想象与他展开了针对科学和灵性的争论。史蒂夫是个才华横溢、令人生畏的对手，在我心中，他每次都能击垮我。结果，我完全看不到我们之间真正存在的兄弟情谊。越沉浸于幻想中，我就越怨恨他。

我知道自己的反应很荒谬，也痛恨自己把最好的朋友当成了对我造成威胁的敌人。但这无济于事。不管我之前见过多少经历过这种情况的求询者，我都还是迷失在"迷宫"之中，找不到出路。

我向菲尔解释了自己最深的恐惧："我就快变得像一个彻底的白痴了。"

"史蒂夫或许特别聪明，但他也只是一个凡人。"菲尔的回答很理智，但他从未见过史蒂夫。

"你不明白，他用一句话就否定了亨德里克斯的灵魂，想象一下他对更高动力会有什么反应。"

"那不重要，"菲尔轻快地说，"重要的是体验你作为灵性系统的一部分所发生的事。"为了让整件事简单易懂，他再次向我展示了那张图片。"问题"是即将和史蒂夫共进午餐这件事在我脑中挥之不去，我就像深陷迷宫一般，要使用的工具是"积极的爱"。每当感到对史蒂夫的怨恨时，我就要使用它。

我按照他的说法进行练习，但仍然感觉自己像是一个轻量级的业余选手，准备对战重量级的世界冠军。我比之前更加焦虑了，向菲尔抱怨道："我觉得这不会有用。"

"你怎么想的不重要！"菲尔吼道，"专注于你做的事，而不是你的想法。你唯一要做的就是使用工具。这个系统会完成剩下的任务。"当他把我"扫地出门"时，我还在想象着他不停地对我念叨："问题—工具、问题—工具……"

我感到困惑，有些意志消沉，但我别无选择。所以，每当想到那顿午餐时，我就反复使用"积极的爱"这项工具。渐渐地，我注意到我的感受不同了。我不再那么害怕史蒂夫的评价，反而因为能够表达自己而更加兴奋。

不知不觉间,和史蒂夫共进午餐的日子到了。在去往餐厅的路上,我使用了"积极的爱",当我看到史蒂夫坐在桌旁的时候,我又多用了几次。我们打完招呼并点完餐后,关键的时刻来临了。史蒂夫直视着我,用教授似的语气问我:"你怎么描述你在心理治疗领域的方向?"

当我听到他的声音时,过去的那种焦虑感又出现了。我再次使用了"积极的爱"。

"我……我想,可以说是'灵性'方向。"

"听起来很有趣,那是什么?"

我闭上眼睛,做了次深呼吸。当我开口时,从我嘴里说出来的话让我大吃一惊:"如果说,生命中发生在你身上的每一件坏事——包括你遇到过的每一个问题——都是为了让你发展出你之前完全不知道自己具备的能力,你会是什么感觉?如果说,有一个特定的具体流程可以引导你直接发展出这些新的能力,你又是什么感觉?"

我看到史蒂夫的眼睛亮了起来。

我被一股热情的浪潮带着,开始解释菲尔所描述的灵性系统。但我没有重复菲尔的原话,这个系统已成为我的一部分。我自然而然地感到兴奋,全然忘记了这些概念是无法证实的,而且我是在和一位科学家说话。我不再觉得史蒂夫是我的对手,我也不再认为我必须捍卫某种概念或者要打败史蒂夫,我感受到的只有源源不断的灵感,这令我备受鼓舞。

我讲完了,看着史蒂夫。他满面笑容(也许只有我满面笑容,但至少他已经收起了教授的派头）。"太棒了，巴里！你找到了你真正相信的事物。我敢打赌，你已经用它帮助了很多人。"

我很惊讶："你的意思是说，你接受了这些假设……灵性系统和一切？"

"严格来说并没有，"他耸了耸肩，"但你知道帕斯卡曾说，'感受到上帝的是你的心，而不是理性力量。'"

我简直不敢相信我的耳朵："你说什么？"

他深吸了一口气，说道："你得到了成果，那才是最重要的。"

我还是不明白。他想了一会儿，然后笑了起来："有个老笑话能更好地说明问题。有个人去找他的心理医生，说：'医生，我弟弟疯了，他觉得自己是只鸡。我该怎么办呢？'心理医生答道：'你得带他就医。'这个人说：'不行……我需要鸡蛋。'"

笑过之后，我意识到史蒂夫的表述比之前的说法都要好。他是在告诉我，灵性系统为求询者产出了"蛋"，切切实实帮助了他们，至于是怎么办到的，那并不重要。

于我而言，那顿午餐是个转折点。我现在明白了，史蒂夫并不是唯一把我困在迷宫之中的人，大多数人都困住了我。我一直在错误的假设之下努力，似乎如果我试图用他人反对的方式表达自己，对方就会拒我于千里之外。我成天带着愤恨情绪也就不足为奇了，因为我总觉得是周围的人使我沉默，而事实却是我在扼杀自己！这就像我被困在牢房中，却发现钥匙一直都在我口袋里。这把钥匙就是"积极的爱"。

我开始对每个人——朋友、求询者、家人——使用这项工具，我的愤恨情绪似乎蒸发了。我惊讶于自己的感觉变得这么好。现在，我注意到自己能够看着别人的眼睛，直接对他们说话，我感到放松和自信多了，他们是否赞同我都没有关系。我还能感受到真正的爱流经全身，就像我做完那个梦之后的感觉一样。只不过这一次，它并未消失，我的心一直敞开着，我觉得自己更有活力了。

正如菲尔预料的一般，我的疑惑消失了。我体验到了更高动力在我的生命中运行，它让我变得更好。我不能从逻辑上证明更高动力的存在，但我也不再觉得有这个必要。我开始明白"信念"的真正含义：信念就是相信当你需要更高动力的时候，它们总是在你身边帮助你。

很显然，我所经历的这一切都是意义深刻的。当这件事结束之后，我忍不住用不同的眼光来看待菲尔。以前，我一直觉得他有些狂热，但他从未试图向我直接灌输他的思想，可以说，他从未试图影响我。在我最黑暗的时刻，他展示了绝对的信心，认为灵性系统在发挥作用，并教会我需要学习的内容。如果他不是个狂热分子，那他的信念从何而来？像往常一样，我决定直接问他。于是，我们有了一段难忘的对话。

- **菲尔篇**

> 当巴里直接问我，我的信念来自何处时，这成为我们关系的转折点。我的求询者从来没有问过我这个过于私人化的问题。我能看出他们在想什么。每当我表达对灵性系统的信心时，他

们看我的眼神就像看着一个好心的怪人。随后，当他们在灵性系统里有所收获之后，他们就会觉得我像是未卜先知的天才一样。

这两种看法都失之偏颇。我只是一个学会了相信生活带给我的东西的普通人。我承认，我的人生有些与众不同。在上学和接受心理治疗训练的整个过程中，我都充满能量和热情。接着，事情出现了意想不到的转折。当作为心理治疗师正式执业时，我开始觉得累了——不是每天加班带来的疲惫感，而是一种深入骨髓的倦怠感，我以前从未感受过。

这种倦怠感总是像贼一样在夜间悄悄出现。一开始，我在工作日的感觉还好，但一到周末我就垮掉了，会一直睡到下个星期一。然后，某个星期一的早晨，我醒过来，发现那个"贼"还在，我几乎起不了床。我请了一个星期的假——这是我生平第一次这么做——但到了下个周末，我感到更加疲惫了。我意识到必须做点什么，所以，我试着通过放弃运动和社交活动来赶走那个"贼"，但还是不够。

尽管我不再像以前那样精力旺盛，但能做的也只有继续我的诊疗工作。我平日的生活就是看诊，然后回去睡觉。几个月来，我告诉自己这只是暂时的，但到了最后，当状况一点儿也没有改善时，我开始怀疑自己是不是永远无法恢复如前。

我有些犹豫地拖着自己的身体去看内科医生。我去找了一位医学院的老同学，他是一位出色的内科医师，也是一个性格和善的多面手。他认认真真地聆听了我的描述。我说完后，他告诉我要做哪些检查，有哪些可能的情况。我做了一系列检查，每一项检查结果都正常。他让我过几个星期再来复查一次。复查结果仍然正常，但我的感觉却更糟了。之后，他的态度有了微妙的变化。他脸上不再展露"很高兴见到你"的笑容，而是一种仿佛在地铁上看到了一个疑似刚从精神病院出来的人才会露出的那种笑容。

我很快就要熟悉那种笑容了，因为之前在无数专家的脸上都见过，我向他们求助，试图找出夺走我生命力的元凶。让我困扰的不是他们不知道发生了什么，而是他们的结论。因为无法解释这个现象，他们就认为我这个情况根本没有发生过，也就是说，他们觉得我是个疯子。

不知道问诊了多少次之后，我决定只向相信真的有事发生的人求助。很快，我发现只有一个人符合条件，那就是我自己。

回想起来，那是第一个暗示，让我知道我的病症是有目的的。它已经让我与大部分的外界事物隔离开来，除了办公室或者床，我几乎哪儿都没去。但在意识到没有人能帮助我时，就好像另一扇门也关闭了——其实是两扇门，因为那段时间我也失去了对自己所学到的心理治疗模式的信心，同样没人能帮助我。

当时我并没有意识到这一点，但与外部世界失去联结是我生命中发生的最重要的事。生命迫使我进入了一个我从未自主选择进入的内在世界。一开始，我痛恨自己失去了和外部世界的联结，我感到生命在我身旁经过。没过多久，我意识到内在世界才是生命真正的源头。

除了看诊,我的其他活动就是睡觉……应该说是试着入睡。有时候,我在床上辗转 12 个小时都睡不着。我没有发烧,但能感受到一种奇怪的热,仿佛自己快要蒸发了。每晚都是如此。我的内在世界里有某样东西在不断尝试与我接触。

它做到了。证据就出现在我给求询者治疗的过程中。当我努力创造他们所需的工具时,我需要的信息似乎也都会凭空出现。它当然不是来自外部世界的任何人,也不是我自己在脑子里想出来的。那些我不知道自己竟然知道的答案从我口中说出,就好像我是某种力量的发言人。我无法证明这一切,但我都能感受到。

一旦开始使用工具,我的求询者们——即使是最顽固的人——就也都能感受到。那些人一直拒绝我的任何解读。对他们进行心理治疗,就像用一把塑料勺子雕刻大理石一样。但一旦我开始给他们提供工具,一切都改变。推动改变的不再是我,而是他们通过使用工具唤起的更高动力。这让我既感到谦卑,又备受鼓舞。

虽然病症让我虚弱,但它指引我找到了我所需要的——通往内在世界的通道和唤起埋藏在内在世界里的更高动力的工具。我开始明白,我和求询者都在一个灵性系统里运转。在这个系统里,我们生活中的每一个事件的发生,都是为了训练我们使用更高动力。我经历的"事件"就是没有明显病因也无明确疗法的慢性病症。

对我来说，这个系统远远不只是理论，我自己就亲身体验过。巴里曾问我，我怎么知道生命会把他需要学习的东西教给他。我从病症对我的影响中得到了答案。我现在知道了，我们生活在一个深深关爱着我们的宇宙里，它对每个人都有一个目的。我感受到了宇宙的爱以一种我无法想象的方式在我的生命中运行。这样的宇宙，怎么可能不教会我们那些我们需要学习的事物呢？

这就是我给巴里的答案。

菲尔说完之后，我感觉自己好像无法呼吸了。我没有料到我会听到这么私人的内容。灵性系统不只是他发现的概念，他也真正活在其中，还从自己的痛苦中找到了积极的意义。我从未感觉自己与他如此接近。他上的是医学院，我上的是法学院，但我们同样从"生命"这位老师那儿学到了信念。

08

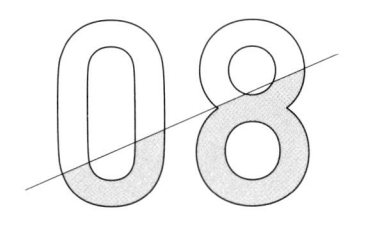

新视界结出的硕果

每当你使用某一项工具，唤起更高动力来解决自己的问题时，你也是在向整个社会提供这些力量。

一旦你接受了这一点，它们会引导你超越自我，去关心全人类的福祉。这些工具让你参与了一场无声的革命——创造者的革命。

我们从"生命"这位老师身上学到的信念不是"盲目的信念",而是基于我们实际在灵性世界里看到的模式。菲尔和我花了很长时间尝试去理解那些模式,最后,我们终于能够以一种任何人都能理解的方式来描述他们。我们观察到的一切,形成了新灵性的支柱。

我们很欣慰(也有点儿惊讶)地发现,现代意识已经在很多方面反映了新的灵性秩序。更高动力已经进入了世界,改变了我们整个社会的运作方式。

新灵性的三个支柱

支柱一:光去思考更高动力是毫无意义的,你必须去体验它们

作为现代人,我们没有意识到我们的感知在多大程度上受到了科学模型的限制。科学不接受一切无法从逻辑上证明的东西,这就

是为什么我在第七章要求菲尔证明更高动力是真实存在的。他对此毫无兴趣，因为他知道，更高动力存在于不受科学模型限制的领域里。这个领域就是你必须进入的内在世界——它就在你的脑海中，不能通过思考来理解。在内在世界里，所谓真实事物，就是能影响你整个存在的事物。菲尔坚持让我通过使用工具来解决问题，由此引导我进入了内在世界，使我体验到了存在于其中的更高动力。

他展示了新灵性的第一个支柱：你无法证明或者否定更高动力的存在，只有在你可以感受到它们的时候，它们于你而言才是真实的。

哲学家克尔恺郭尔[①]在写下如下话语时，暗示了这一原则："生命有它自己隐藏的力量，你只有通过生活才能发现它们。"假设你是一名与家人失去联系的战争难民，想象一下，你收到一份证实他们还活着的文件，与真正和他们团聚这个改变生命的经历有什么不同。这就是你在头脑中了解某些事物和你用整个生命去体验它之间的区别。你只有用全部的生命才能真实地体验更高动力。

这是一种评估"何为真实"的全新方式。我们一直被训练通过思考来做到这一点，从开始思考的那一刻起，你就在你的脑海里要求证明它们的存在，但这对更高动力来说是行不通的。更高动力必须直接体验，这需要付出努力，也意味着你将面临的选择和我过去

[①] 索伦·克尔恺郭尔（Soren Kierkegaard），丹麦宗教哲学心理学家，现代存在主义哲学的创始人。他认为哲学研究的对象不单单是客观存在，更重要的是从个人的"存在"出发，把个人的存在和客观存在联系起来。——编者注

面临的同样严峻：要么索求一个你永远得不到的证据，要么带着你的疑虑使用这些工具。当我停止思考，专注于工具时，改变人生的信念就是我得到的回报。我希望你也能做出同样的选择。

支柱二：说到灵性真实，每个人都是自己的权威

除非你能用整个生命体验灵性力量，否则你就会陷入和我一样的困境：要么接受灵性权威人物要你相信的事，要么就拒绝（像我一样）。无论做出哪种选择，你都不是在亲身体验更高动力，所以，你不能得出任何关于更高动力的明智结论。这就将我们带到了第二个支柱：在新灵性中，每个人都必须亲身体验更高动力，并对它们的本质得出自己的结论；外部的权威人物不再能代为定义我们自己的灵性真实。

这使我们超越了一般认知中的传统宗教。在古代，权威人物（例如牧师或类似身份的人）会代表整个社群来解读神的旨意，这些宗教领袖的话语被公认为上帝的话语。在不同程度上，有组织的宗教仍然遵循这种古老的"自上而下"的等级制度。整个组织以一位领袖为中心，大多数信众都服从他对神灵更为优越的理解。然而，这样的体制并不尊重现代人想要达成自己的理解的需求。

这就是新灵性的切入之处。基于事实，它认为每个人都是独一无二的。它给了你工具和方法，让你去探索更高动力，这样你就可以用自己的方式体验它们的本质。

这对我个人来说非常重要。年轻的时候，我被训练成"质疑权

威"的人——这是我拒绝加入有组织的宗教的原因之一。现在，令人惊讶的是，菲尔的方法要求我质疑权威，甚至质疑他本人。他从来没有试图让我同意他的观点，他只是想让我使用这些工具，然后得出我自己的结论。

支柱三：个人问题驱动个体进化

如果没有曾经那种待在史蒂夫身边就会出现的不安全感，我永远不会获得今天的自信；如果没有那次严重的疾病，菲尔永远不会踏上开发这些工具的内在旅程。这些都指向了新灵性的第三大支柱：个人问题是驱动灵性进化的力量。

这个原则从理论来说对人们是有意义的，但当你面临沉重的逆境，比如房子被法院拍卖、失业或所爱的人去世时，大多数人很难看到这些事件的积极面。如果你有同样的困扰，下面的练习会对你有所帮助，这个练习会将你置于菲尔的画所描绘的系统内部。设想一个你目前在生活中遇到的特别困难的问题，然后试着这样做：

> 首先，把这个问题视为一个随机出现的困难，它发生在一个没有思考能力，也不关心你或你的进化的宇宙中。感觉如何？现在，把同样的问题视为宇宙向你提出的挑战，这个宇宙希望你进化，并且知道你能做到。感觉又如何？

当大多数人把自己想象成一个以进步为目标的智慧系统的一部分时，他们会感到更有动力。在与史蒂夫共进午餐后，我特别注意用这种方式来思考我所有的问题。效果立竿见影——我热切地为解决我的问题而努力，因为我觉得它们是为我的利益而存在的。

一直坚持认为问题的出现是有意义的，这种意识是消费者和创造者之间的根本区别。消费者认为，只有当他的需求得到满足时，生活才有意义。而问题总是令人不悦的，所以不可避免地破坏了消费者的目标感。相反，创造者的心中有一种不能被摧毁的意义感——坚持认为问题能驱使自己走向更好的未来，实现更高的自我。问题非但没有破坏这种意义感，反而强化了它。

我们整个社会似乎都已经在用这种全新的方式看待问题，这也就是为什么我们对问题展现了比过去更多的兴趣。对很多人来说，直面自身的问题太过痛苦，于是他们就转而关注名人遭遇的问题。你不管身在哪个国家，都会发现人们沉迷于政治家的三角恋情、体育明星对女友施暴，或者演艺明星被证实吸毒……我们需要像关注名人的问题一样专注于自身的问题。

这样的愿望当然一直存在，它揭示了20世纪早期弗洛伊德引入精神分析法以来，心理治疗运用频率的极大提升。原因很简单：我们可以通过心理治疗来解决我们的问题。人们很容易轻视心理治疗的广泛运用，认为它是我们自我陶醉的一种症状，就像数百万个"伍迪·艾伦"[①]在社会上胡作非为。但我们已经发现，即便是在某

[①] 伍迪·艾伦（Woody Allen），美国导演、编剧、演员。其作品独具风格，善用大量对白推进故事情节，彰显人物性格。——编者注

种程度上最为自我陶醉的求询者，也能感知问题在驱动他们进化的过程中的极端重要性。

但近段时间，相比问题的解决办法，心理治疗开始更多地关注问题的成因。60 年前，在心理分析过程中，一个星期花 5 天谈论你的问题而不采取任何解决问题的措施，这是可以接受的。今天，一般的求询者都会渴望更多。他们希望开发隐藏的能力，也愿意为了这一目标的实现而付出努力。

他们希望以创造者的身份回应那些问题，而工具正是他们所需要的。

当心理治疗承认了这一需求时，这一行业就会被彻底改变。

在我的执业过程中，我已经看到越来越多的人接受了灵性的说法。心理治疗的求询者有一种特定类型——受过良好教育，时尚，喜欢反讽，宗教背景较淡或没有（通常喜欢穿一身黑衣）。在二三十年前，他们很可能会嘲笑"更高动力"这一概念。现在，面对同类型的群体，我发现在第一次心理治疗，提及灵性解决方案的时候，他们就欣然接受了它。有时候，他们会说出"我相信任何事情的发生都是有原因的"这样的话，这让我大吃一惊。事实上，这些人从未主动让自己的心灵更加开放，是一股影响了所有人心态的"进化之潮"席卷了他们。如果浪潮能抵达这样的人，那浪潮就是无处不在的。

但是，如果没有我们的积极参与，那么进化只能带我们走到这一步。为了发挥我们的进化潜力，人类需要有意识地承担起将更高动力带入世界的责任。所有个体都迫切需要更高动力，而整个社会更需要它们。我们最珍视的一切都悬而未决,而新灵性来得正是时候。

治愈一个病态的社会

正如每个人都有一种精神一样,社会也有。我们可以把社会精神想象成一个有机体,它看不见,却有生命,穿梭在我们所有人当中。精神是纯粹的运动,它让一个社会在拥抱未来的同时,也能在其成员之间创造和谐与理解。

如果一个社会的精神是健康的,它就不怕变化,它会欢迎新的事物,并可以在面对挑战时进行创新。这样的社会自信地追求着自己的理想,对未来也充满信心。此外,强大的精神会使每个人都觉得自己是社会有机体的一部分,觉得自己对集体利益负有责任,并愿意为此牺牲个人利益。

但如果一个社会的精神是不健康的,人们就会对未来失去信心。每个人小心翼翼,把新思想隔绝在外,不愿承担风险,甚至不愿花钱或放款。人们也会对社群失去信心,随之失去的是彼此之间的联结。每个人都为了自己,没有人为整个社会负责。

如果人们只对自己的福祉承担责任,一个文明就会从内部腐烂,最终溃败。最著名的例子便是罗马帝国的覆灭。以下是美国著名历史学家刘易斯·芒福德的描述:

> 每个人的目标都是安全,没有人承担责任。早在野蛮人入侵之前……早在经济混乱之前……就明显缺乏一种内在动

力。现在的生活是对罗马时代生活的效仿……安全成了口号，仿佛生活知道除了不断变化，还有其他稳定的可能性，或者在不断冒险的意愿之外还有其他形式的安全。

芒福德所说的"内在动力"正好符合我们对社会精神的定义，它是赋予社会生命，让社会勇于追求未来的动力。

我们有能力成就伟业，但我们不能去依靠任何外部事件来展示自己的力量。现在，进化要求我们做到最好的自己，并非因为外部事件迫使我们这样做，而是因为我们出于自由意志而选择这样做。

自由意志必须从个体开始。但是，一个人的灵性活力可以影响社会上的其他人吗？答案是可以，不仅如此，它还是唯一可以做到的这一点的事物。对成功的社会来说，更高动力一直是必不可少的。但在过去，它们是通过社会制度、精神领袖、神圣的仪式或宗教活动来实现的，这些传统渠道并不涉及普通个体。现在，进化要求更高动力只能通过个体进入社会——这就是那些腐败、失职或无足轻重的传统渠道正在失去影响力的原因。如果不授权个体去取代它们，我们的社会就会缺乏信仰和目标。

为个体授权需要一场革命，但革命通常总是表现为与外部的压迫者斗争。而现在，敌人在我们的内在，它在利用我们的信仰体系来对抗我们。它用科学来说服一部分人，让他们相信更高动力并不存在，也没有任何其他事物帮得上忙；对另一部分人，它承认更高动力的存在，但坚持认为，要想与它们联结起来，我们必须停止自主思考，接受一些外部权威人物的观点。

为了击败内在的敌人，我们需要使用某种既能令我们相信和体验更高动力，又不牺牲自由的武器。或许你已经使用过它们为自己谋利，但并没有意识到它们具有影响整个社会的力量。这些武器就是本书中的工具。

每当你使用某一项工具，唤起更高动力来解决自己的问题时，你也是在向整个社会提供这些力量。一旦你接受了这一点，你的问题就不仅仅是对自我的关注了，它们会引导你超越自我，去关心全人类的福祉。这些工具让你参与了一场无声的革命——创造者的革命。只有创造者才能在改变自己的同时满足改变社会的进化需求。

成为这场革命中的一分子，感觉如何？你马上就会知道。在接下来的五个小节中，你将分别使用每项工具唤起更高动力，从而应对你的个人问题。当你这样做的时候，我们将向你展示如何体验这些力量对整个社会产生的影响。

"无声革命"的武器

工具一：逆转渴望

健康的精神会让人有信心迎接未来。虽然不可能确切地知道未来会带来什么，但未来肯定会包含某种类型的痛苦，例如面临经济上（也可能是在身体上）对我们的幸福造成威胁的事、艰难的选择及集体牺牲等。如果不愿意面对诸如此类的逆境，任何一个社会就都无法实现其渴望。

这种面对痛苦的能力取决于"前进的动力"。我们在第二章谈到过，它是一种能使个体生命得以扩展并发挥其潜力的力量，因为它不畏痛苦。迈向未来的能力对一个社会同样重要。

当一个人在生活中停止前进时，他就会停滞。同样的事情也会发生在一个社会中：它的成员不再面对现实，而是进入一个集体的舒适圈，沉迷于幻想中，认为不需要牺牲就能得到自己想要的东西。例如，消费社会里的人们通过抵押未来以获得自己当下买不起的东西。

如果缺乏"前进的动力"，社会就会迷失方向。我们不再拥有真正的渴望，只剩下空洞、毫无意义的口号，我们的理想也随之消亡。

领袖们也帮不上忙。他们想让我们相信，我们不必面对现实——这会让他们的工作更轻松，所以他们对我们说谎。但在怪罪他们之前，请记住，他们就是我们的镜像：他们也同样无法忍受痛苦。我们如果自己都不愿意与真相进行搏斗，就不能指望他们接受直面真相的痛苦。

第二章教了你一种面对痛苦的工具，叫作"逆转渴望"。当你使用它时，你会触发一股强大的力量，它让你克服平时对痛苦的厌恶，并驱使你迎向痛苦。那股力量让你势不可当。当你使用这项工具并让自己行动起来时，被影响的不仅仅是你自己的人生。因为大多数人从未离开他们的舒适圈，所以，那些离开的人会对其他人产生深远的影响。一旦行动起来，你就会发现这种影响的存在。当他们看到或感觉到你在做一些你以前从来没有做过的事情时，他们对自己的可能性就会有更多的感知,这会拓宽他们对自身可能性的认知。社会精神就是这样转变的。

让我们想象一下这会是什么样子:

> 闭上眼睛,在你通常会逃避的某件事情上使用"逆转渴望",感受自己开始前进。现在,想象你周围的人受到你向前迈进的行为的激励,在他们逃避的事物上也开始使用这项工具。想象数百万人在拥抱痛苦,并因此在自己的生活中向前迈进。这个你想象中的社会与我们现在的社会有什么不同?

当数以百万计的个体不再逃避,开始向前迈进,便没有他们解决不了的社会问题。只有勇于拥抱痛苦的社会,才能引领世界前进。

工具二:积极的爱

健康的精神会让人对未来保持积极的看法,并不断努力创造未来。这需要对解决问题的新思想、新方法持开放的态度。如果新思想不能被公平地倾听,社会的精神就会衰退。

在第三章,我们介绍了"迷宫"的概念。作为个体,当你感到别人没有公平地对待你,并且你无法摆脱这样的感受时,你就会被困在迷宫里。你整日所想的就是需要再发生点儿什么才能让你再次感到完整,就像有个人钻进了你的大脑,并盘踞其中。当你沉溺在那些想法里时,生命就从你身旁流逝了。

这种情况发生在个人身上已经够糟的了,如果整个社会都陷入集体迷宫,这就是一场灾难。整个社会的思想就会封闭起来,不再是新观念的发源地,而是一座旧思想的破败遗址。如此一来,它的精神就会消亡。

如果你仔细倾听我们这个社会中的公众讨论,你就会意识到,新的思想甚至不被考虑在内。迷宫的特征就是"重复",它将一切新鲜事物拒于门外。而就像会把人困在过去一样,迷宫可以对整个社会造成同样的影响。我们正面临这样的情况。当我们还继续着几十年不变的辩论时,生命已经从整个社会的两旁流逝了。

现在,整个社会都跌入了集体迷宫,我们变得自以为是,对"胆敢"反对我们的人都持轻蔑态度。几乎出于本能,我们对任何与我们意见相左的观点都给予严苛的批判。"全民辩论"变成了一场战争,除了胜利,其他一切都无关紧要,似乎这是一场殊死搏斗。

只有一个办法可以扭转这种局面。虽然听起来很激进,但我们需要教会自己接受所有的想法,包括那些严重冒犯我们的想法。我们无法凭自己的理解力做到这件事,只有比我们更伟大的某种事物才能强大到可以创造那种程度的接纳。在第三章,我们称这种更高动力为"流溢之爱"。

"流溢之爱"是通过人的心产生的。从宇宙的层面来说,宇宙的基本特质就是"流溢之爱",而作为人类,我们有幸拥有得天独厚的能力,可以创造属于自己的微缩版"流溢之爱"。当我们这样做的时候,会发生一些特别的事情:我们会与宇宙的"流溢之爱"

同步，与一股比我们自己宏大得多的力量和谐相处。在那一刻，我们没有必要评判任何想法——即使是不赞同的想法——因为我们的安全感来自更高的地方。

不管我们是否意识到这一点，"流溢之爱"都是每个具有建设性的公共论坛的基础。没有它，讨论就会变成战争，我们就会失去解决问题的希望。

"流溢之爱"能够让人走出迷宫，而使产生"流溢之爱"成为可能的，则是"积极的爱"这项工具。让我们一起来看看，如果有足够多的人使用这项工具，会发生什么：

> 闭上眼睛，想象某人的观点严重地冒犯了你，请对他使用"积极的爱"这项工具。现在，再次使用它，但这次请想象，整个社会的人都在针对冒犯他们的人使用这项工具。随着数百万人都开始传送这股接受一切的力量，社会将如何变化？

没有什么比一个人在面对最糟糕的评判——恶毒的恨意——时还能产生"流溢之爱"更鼓舞人心的了。马丁·路德·金正是出于这个原因成为美国人的偶像。为了防止自己跌入迷宫，他使用了"积极的爱"（虽然他不是这么称呼它的）。他用下面的话语结束了题为"爱你的敌人"的演讲："所以，今天早上，当我看着你们的眼睛，看着我在亚拉巴马州的所有兄弟的眼睛，看着整个美国乃至全世界时，我对你们说：'我爱你们，我宁死也不恨你们。'我很傻，我相信通过这种爱的力量，最顽固的人也会被转变。"

工具三：内在权威（接纳影子）

强大的精神能接纳新思想，也能接受各种类型的人。它能在每个人身上看到共通的人性，因此不会受到不同习俗、信仰或生活方式的威胁。强大的精神对每个人都感兴趣，并以实际行动接纳他们。

相反，当精神衰退的时候，我们就失去了把所有人联结在一起的那条线。没有了那条线，那些外表、言语和行为与我们不一样的人就会成为"他人"。我们会害怕他们，看不起他们，或者把自己的问题都归咎于他们。

不管你有多么宽容，如果对自己够诚实，你就会承认有些人被你视为"他人"。他们可能是重伤的退伍军人，可能是乞讨的乞丐，也可能是某个少数民族。

在拒绝他人的背后，是对一部分的自己更深层次的排斥。在第四章，我们介绍了"影子"：它是藏于你体内的一个独立的存在。你对他人的所有感受都源于你对自己这一隐藏部分的感觉。如果你不能接受自己的这一部分，你就无法接纳他人。正如我们每个人的内在都分裂了一样，社会的内部也在分裂。一个不能包容他人的社会，已经破坏了它自己的精神。

重塑精神的唯一途径就是忠于它的本质。精神总是趋于完整，它想拥抱每一个人。每当我们接受那些与我们自己最为不同的人时，我们就滋养了精神。这事关自身利益。在一个自相矛盾的社会里，任何人都不可能有安全感。英国诗人约翰·多恩写道："没有人是一座孤岛……/ 任何人的死都会削弱我 / 因为我与人类息息相关 / 因此不要问丧钟为谁而鸣 / 它为你而鸣。"

要解决社会中的外部分歧，必须从所有个体的内心开始。当你接受你的影子时，你会发现它是更高动力的源泉。这会给你身边的人勇气，让他们有同样的发现。每个人从接纳影子中获得的力量，是我们作为一个完整的社会所能发挥出的潜力的缩影。

这就是社会精神如何实现自我复兴的方式——一次一个人。以下是你作为个体启动这一过程需要做的事：

> 闭上眼睛，想象你的影子。设想一下，如果它被别人发现，你会有多尴尬。想象一下，你周围数百万人对他们自己的影子也有同样的感受，都在尽其所能地隐藏它。在一个所有人的心都彼此隔绝的社会，会发生什么？
>
> 现在，告诉你的影子，你大错特错了，没有它，你不可能完整。想象一下，数百万人对他们的影子说着同样的话。那么，有哪些事是这个心胸开阔的社会能做到，而前面提到的那个社会做不到的？

在第四章，我们将影子作为"内在权威"这项工具的一部分。当你接纳自己的影子而变得完整时，你就拥有了自由表达自己的能力。其实，这与治愈我们整个社会的精神密切相关。每个人都有影子，每个影子都说着"心灵的语言"。因为这种语言是全人类共有的，所以，每个人都觉得自己是其中的一员，没有一个人被排斥在外。

工具四：感恩之流

一个社会的精神有赖于全体成员的支持，身居要职的人尤为重要。从某种意义上说，他们是社会的"管家"，保护着社会的资源，体现着社会的理想，是社会精神的守护者。

我们的社会之所以如此病态，其中一个原因是部分管理者没有从它的最大利益出发。他们觉得他们除了对自己，对其他事物都没有责任。在银行业、法律界、医界、政界、学术界和商界，我们有时会看到某些有权有势的人无法维护整个社会，他们采取了人人为己的态度。

其中的原因显而易见。在我们的社会里，几乎每个人都不满足于自己拥有的东西，没有人认为自己所拥有的已经足够了。这种"无论我们积累多少权力和财富都不够"的感觉迫使我们只为自己着想，放弃对整个社会的责任。

尽管存在种种问题，但仍有很多让我们感觉美好的事物。那么，为何不满足的感觉还是如此普遍呢？答案是，我们与唯一能满足我们的事物失去了联结。我们在第五章描述了它——源头——一种慷慨付出的力量，它创造了我们，供养着我们，并让我们的未来充满无尽的可能性。当感觉不到源头真正存在于自己的生活时，我们会感到孤立无援。正是那些感觉驱使我们只关注狭隘的个人利益，也使得一些有权力的人放弃了对整个社会的责任。

责任意识不能通过立法来进行规范。法律法规也许会阻止最恶劣的不负责任的行为，但不一定能深入人们的内心去改变他们的感受。那些处于权威地位的人，只有在对自己得到的东西心怀感激时才会被感动，去履行自己的责任。他们必须承认这样一个事实：没有人能在没有大量帮助的情况下获得权威地位，这些帮助形式多样，例如教育机会、前所未有的自由，或者其他许多愿意从事低报酬工作的人的助力。最终，这一点也适用于我们所有人：当我们对自己被给予的一切心怀感激时，我们自然会想要有所回馈。

这就是"感恩之流"的切入点。在第五章，你了解到感恩不只是一种情绪，实际上是你与源头联结的方式。当你使用"感恩之流"时，你会体验到自己是源头不断慷慨付出的受益者。你产生的正能量激励着身边的人去感激他们生活中的恩典。只有形成一股席卷整个社会的感恩浪潮，才能抵消让我们彼此分离的那种自私。

想象一下这会是什么样子：

闭上眼睛，反复思考你所有的不满足。然后，想象你周遭的整个社会都处于类似的不满足状态。这会如何影响人们对彼此的责任感？

> 现在，抹去那个画面，然后运用"感恩之流"这项工具。感受自己对出生以来被赋予的一切充满感激之情。现在，想象你周遭数百万人都在使用这个工具，他们都满怀感激。这将会如何影响人们对彼此的责任感？你现在正在想象的社会与你一开始想象的那个社会有什么不同？

工具五：危机

我们已经找到的前四种更高动力可以重振这个社会的精神，但前提是，社会中的个别成员需要付出努力去唤起那些力量。或许我们仍在等待某个神奇的人或某件神奇的事带来改变，这样我们就不用努力了。然而，没什么比明知需要做些什么却又不做更可悲的了，这就像眼睁睁看着有人即将死于心脏病发作，却一直等着另一个人来对此人进行心肺复苏。

濒死的不是某一个体，而是我们整个社会的精神。我们即使现在明白了这一点，却仍深陷瘫痪状态。不知何故，危险似乎并不那么真实。等到危险真的出现，我们又缺乏可以让我们采取行动的意志力。这就是"危机"这项工具的用武之地。

每当使用"危机"这项工具时，你就打破了自己的否认，激活了你的意志。但是，此时还发生了一件事：你的意志力的力量影响了你身边的人。这就像有人开始给那个垂死的人做心肺复苏，另一个旁观者突然被这个紧张的画面唤醒，拨打了急救电话一样。很快，你身边的人都被动员起来了。

让我们一起来体验一遍你个人的"危机"经验,看看它对你周围群体的影响。在开始之前,请选择一个你应该使用工具却没有使用的典型情况:

> 闭上眼睛,回到你在第六章看到的那个临终前的自己。他看到你陷在刚刚选择的情形中动弹不得,告诫你不要浪费现在的时间,从而创造一种要求你立刻采取行动的迫切压力。
>
> 继续闭上双眼,放松片刻,环顾四周。你创造的意志力吸引了一大群人。现在,再次使用"危机"这项工具,但想象整个社会都在和你一起使用。感受集体意志不可阻挡的力量。它会如何改变社会?

这一体验揭示了为什么"危机"是所有工具中最重要的工具。我们的社会由一群意志消沉的个体组成,每个人都觉得自己无能为力,无法推动变革,这使我们无法治愈我们的精神。但我们错了。你刚才所做的幻想练习不仅仅是为了你自身的利益,你感觉到的更高动力具备拯救社会的力量。不要等别人来唤起这些更高动力,因为没有人比你更有资格这么做。

现在，看你的了

你已经读到本书的末尾了，这对你来说是一个关键时刻。你在放下这本书后会做些什么，将决定你的未来。如果你想继续做消费者，你将会忘记自己读过的大部分内容。你不仅不会被这本书打动，还会否认你自己的进化对你和对这个世界的重要性。

但如果你立志成为一名创造者，你的任务就还没有完成。

为了帮助你成为创作者，这本书要做的不仅仅是传达思想，它还必须唤起你内心的更高动力。为了保持这些力量的活力，你必须在读完本书之后长久地使用这些工具——事实上，你在接下来的人生中都必须使用这些工具。这就是我们的终极目标：让你与更高动力保持一种永续的关系。你可能会认为这很疯狂，但除此之外，没有什么能让我们感到满足。

如果你立志成为一名创造者，那么也没有什么比实现这个目标更能让你满足的了。

在整本书中，我们试图传达一个简单而强大的真理：更高动力的力量绝对是真实的。它们成为你生命的一部分的时间越长，就越能深刻地改变你。到目前为止，我们有很多求询者与这些更高动力一起生活了5年、10年甚至更久，他们的人生因此变得与众不同。是的，他们中有许多人都享受了成功的喜悦，但真正特别的是他们对失败的反应。持续不断注入更高动力，让他们的精神闪耀着一种不可阻挡的韧性。

当逆境来临时，他们会欢迎它，因为他们知道，逆境会加深他们与更高动力的关联。他们得到的回报则是某种比自己更强大的事物的永久支持,这也给了他们不可动摇的信心。他们过着比想象中更广阔、更充实的人生,并且鼓励其他人也这样做。

这些人拥有最珍稀的商品——真正的幸福,而我们当中的大多数人却永远找不到它,因为我们是在外部世界寻找。我们的船永远无法靠岸,因为我们找错了地方。

真正的幸福是生活中总是有更高动力的存在。宇宙中无时无刻不存在着更高动力,我们要做的只是通过使用工具来保持和它们的联结。

当足够多的人这样做时,新灵性将不仅仅只是一个想法,它会变成一个鲜活的有机体,它的命运取决于像你这样的个体的努力。这本书只是对这一过程的介绍,而新灵性要求你超越书本的内容,提出你自己的问题,发现关于人类灵性的新答案。这种做法对你有益,而不这样做,新灵性就会消亡。你肩负着未来。

我们写这本书的目的不是让消费者像吃快餐一样快速消化和淘汰书中的内容,也不是为了召集拥护者或追随者。我们写这本书是为了让你作为一个创造者,无论身处何地,都能以你自己独特的方式推动新灵性向前发展。如果你这样做了,那么即便我们可能永远不会见面,我们亦将永远联结在一起。

致 谢

首先,我要感谢我的合著者、朋友巴里·米歇尔斯,是他推动了这本书的出版。他的信念使这个出版项目挺过了最黑暗的时刻,坚持了下来。他关切而体贴地对待我的想法,但又不断以我从未有过的方式超越它们。他是少有的公平、敏锐和激情的结合体。我甚至愿意把生命托付给他。

我还要感谢乔尔·西蒙,他是我一生的朋友,但现在已经不在我们身边了。是他教会了我什么是勇气。

最后,我想感谢那些慷慨地阅读本书,并将其视为一项工作任务来对待的朋友和同事。我特别重视他们的意见,因为他们已经非常熟悉我在书中努力描述的工具及其概念。以下每一位都做出了重要贡献:迈克尔·拜格雷夫、南希·邓恩、瓦妮莎·英恩、芭芭拉·麦克纳利、莎伦·奥康纳和玛丽亚·森普尔。

菲尔·施图茨

我最想感谢的人是我的合著者、朋友菲尔·施图茨和我的妻子朱迪·怀特。如果没有他们，我不可能完成这本书。菲尔是我见过的最有天赋的人。他的智慧深刻地渗透到事物的本质中，以至于我想不到任何他回答不了的问题，而且他的回答总是出奇地精辟，又带着巨大的激情和热情。同样，我对我妻子的感谢也永不言多。她一直坚定不移地支持着我，我也全心全意地爱着她。

我还想感谢我的（已成年的）孩子：哈娜和杰西。他们的支持——从具体的编辑工作到广义的爱和善意——对我来说意味着整个世界。杰西对这些工具更广泛的社会影响特别感兴趣，这也是我们决定将这部分内容纳入本书的一个重要因素。

有许多朋友——简·加内特、瓦妮莎·英恩、史蒂夫·基夫森、史蒂夫·莫滕科、艾莉森·怀特和大卫·怀特——以他们的热忱和坚定不移的支持鼓舞着我。谢谢你们在我对自己失去信心的时候表达了对我的信心。

最后，我要感谢我的求询者。你们把自己托付给我，对此，我每天都感到深深的荣幸和谦卑。我觉得，与你们的联结是我与他人建立的最密切的关系之一。感谢你们与我分享自己内心最深处的部分，也感谢你们给了我非常切实的帮助，使这本书能够最终完成。

巴里·米歇尔斯

感谢伊冯娜·威什为我们提供与本书相关的诸多细节。她的勤勉、洞见和对细节的关注为我们节省了大量时间。

我们还要感谢迈克尔·詹德勒和杰森·斯隆以优雅和公平的态度带领我们完成了复杂的谈判过程。如果没有他们的观点和经验，我们自己可能也需要心理治疗。

兰登书屋出版社给了我们充裕的时间和资源，它是我们这本书美好的家。我们的编辑朱莉·格劳是最好的编辑之一，她机敏而灵活，我们觉得她立刻就"领会"了我们的材料。特雷萨·佐罗和三宇·狄龙及他们的全体员工，在给我们反馈意见和帮助我们前进的过程中给予了极大的支持。

我们还要感谢经纪人珍妮弗·鲁道夫·沃尔什。从合作的第一天起，我们就知道找到了一位"灵魂伴侣"——她立刻明白了我们在做什么、我们的目标和价值观是什么，并开始以不知疲倦的精力和用之不竭的技能来支持我们的工作。

最后，如果不是才华横溢的记者达娜·古德伊尔决定在《纽约客》上报道我们的研究成果，我们就永远不会遇到朱莉·格劳或珍妮弗·沃尔什。她的报道是对我们的关怀和尊重，我们将永远感激她。

菲尔·施图茨、巴里·米歇尔斯